A ÁGUA

Conselho Editorial

Alcino Leite Neto
Ana Lucia Busch
Antonio Manuel Teixeira Mendes
Arthur Nestrovski
Carlos Heitor Cony
Contardo Calligaris
Marcelo Coelho
Marcelo Leite
Otavio Frias Filho
Paula Cesarino Costa

FOLHA
EXPLICA

A ÁGUA
JOSÉ GALIZIA TUNDISI
TAKAKO MATSUMURA TUNDISI

PubliFolha

© 2005 Publifolha – Divisão de Publicações da Empresa Folha da Manhã S.A.

Todos os direitos reservados. Nenhuma parte desta publicação pode ser reproduzida, arquivada ou transmitida de nenhuma forma ou por nenhum meio sem permissão expressa e por escrito da Publifolha – Divisão de Publicações da Empresa Folha da Manhã S.A.

Editor
Arthur Nestrovski

Produção editorial
Paulo Nascimento Verano

Assistência editorial
Rodrigo Villela

Projeto gráfico da coleção
Silvia Ribeiro

Capa
Publifolha

Imagens
© Todd Gipstein/National Geographic/Getty Images (capa)
e Antônio Gaudério/Folha Imagem (contracapa)

Produção gráfica
Soraia Pauli Scarpa
Celso Imperatrice

Revisão
Leny Cordeiro
Lizandra Magon de Almeida

Editoração eletrônica
Pólen Editorial

Mapas
Mario Kanno (p. 28, 29 e 45)

Dados internacionais de Catalogação na Publicação (CIP)
(Câmara Brasileira do Livro, SP, Brasil)

Tundisi, José Galizia
   A água / José Galizia Tundisi, Takako Matsumura Tundisi. 2ª ed. – São Paulo : Publifolha, 2009. – (Folha Explica)

   Bibliografia.
   ISBN 978-85-7402-655-8

   1. Água 2. Ciclo hidrológico 3. Impacto ambiental – Avaliação 4. Recursos hídricos – Brasil 5. Recursos hídricos – Desenvolvimento – Aspectos ambientais.

05-4332   CDD-553.7

Índices para catálogo sistemático:
1. Água : Recursos hídricos : Geologia econômica   553.7

A grafia deste livro segue as regras do **Novo Acordo Ortográfico da Língua Portuguesa**.

PUBLIFOLHA

Divisão de Publicações do Grupo Folha

Al. Barão de Limeira, 401, 6º andar, CEP 01202-900, São Paulo, SP
Tel.: (11) 3224-2186/2187/2197
www.publifolha.com.br

SUMÁRIO

APRESENTAÇÃO 7

1. O CICLO HIDROLÓGICO E AS PROPRIEDADES ESSENCIAIS DA ÁGUA 15

2. RECURSOS HÍDRICOS DO BRASIL 25

3. USOS MÚLTIPLOS DOS RECURSOS HÍDRICOS 35

4. IMPACTOS NOS RECURSOS HÍDRICOS E SUAS CONSEQUÊNCIAS 49

5. RECURSOS HÍDRICOS NO BRASIL 65

6. PLANEJAMENTO E GESTÃO DE RECURSOS HÍDRICOS 77

7. ÁGUA NO TERCEIRO MILÊNIO: PERSPECTIVAS ... 93

GLOSSÁRIO 105

BIBLIOGRAFIA 111

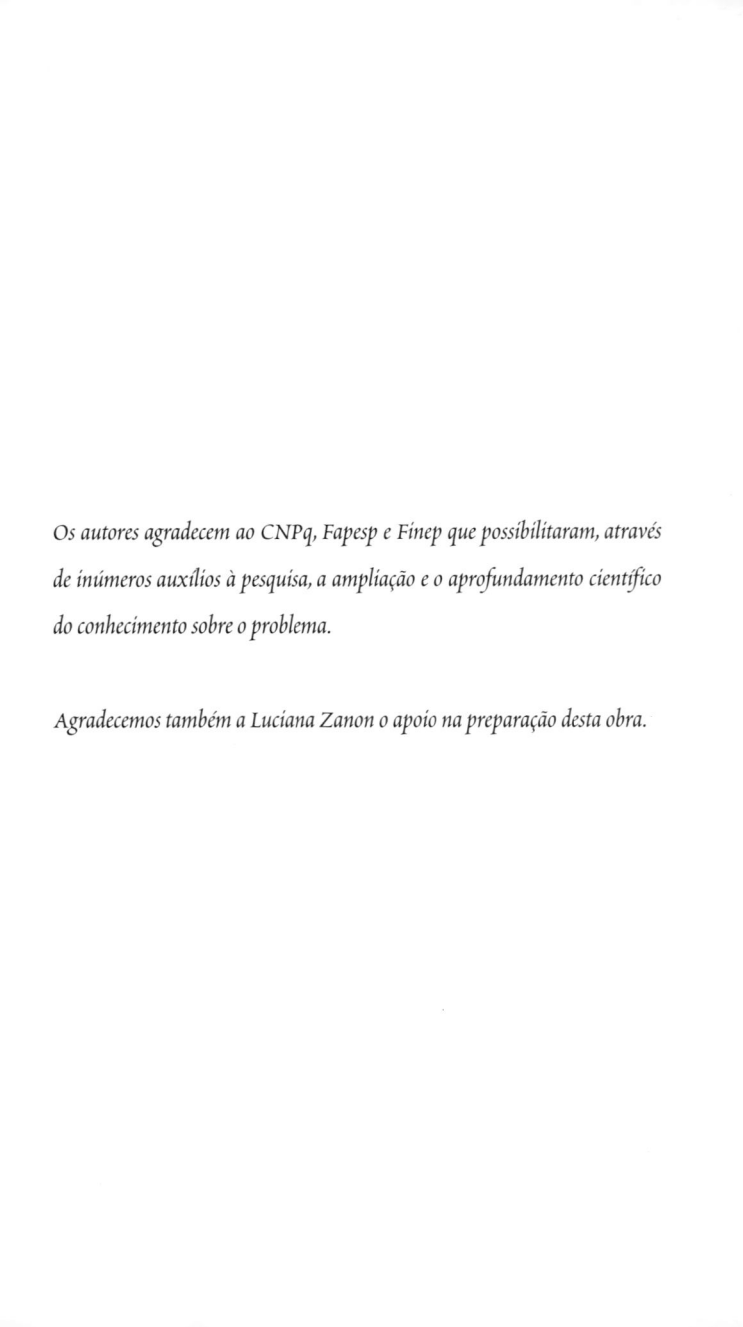

Os autores agradecem ao CNPq, Fapesp e Finep que possibilitaram, através de inúmeros auxílios à pesquisa, a ampliação e o aprofundamento científico do conhecimento sobre o problema.

Agradecemos também a Luciana Zanon o apoio na preparação desta obra.

APRESENTAÇÃO

 água é um recurso estratégico para a humanidade, pois mantém a vida no planeta Terra, sustenta a biodiversidade e a produção de alimentos e suporta todos os ciclos naturais. A água tem, portanto, importância ecológica, econômica e social. As grandes civilizações do passado e do presente, assim como as do futuro, dependem e dependerão da água para sua sobrevivência econômica e biológica, e para o desenvolvimento econômico e cultural. Há uma cultura relacionada com a água e um ciclo hidrossocial na inter-relação da população humana com as águas continentais e costeiras.

Embora dependam da água para sua sobrevivência e para o desenvolvimento econômico e social, as sociedades humanas poluem e degradam este recurso – tanto as águas superficiais como as subterrâneas. A diversificação de usos múltiplos,[1] a deposição de resíduos sólidos e líquidos em rios, lagos e represas, e o desmatamento e ocupação de bacias hidrográficas têm produzido crises de abastecimento e crises na qualidade das águas. Todas as avaliações atuais sobre a distribuição, quantidade e qualidade das águas apontam para mudanças substanciais na direção do planejamento, gerenciamento de águas superficiais e subterrâneas. Para uma adequada gestão dos recursos hídricos, é necessária uma integração mais efetiva e consistente das informações sobre o funcionamento de lagos, rios, represas e áreas alagadas e dos processos econômicos e sociais que influenciam os recursos hídricos.

Este livro mostra os usos deste recurso natural fundamental para a continuidade da vida no planeta Terra e aponta os principais problemas referentes ao ciclo da água.

Na seção introdutória, abaixo, apresentam-se informações gerais referentes à água e sua distribuição no planeta Terra, especialmente os valores de águas doces e salinas e águas no estado sólido. Veremos que a água doce disponível é apenas uma pequena fração dos recursos hídricos do planeta.

No capítulo 1 discute-se o ciclo hidrológico e seus componentes, tais como precipitação, evaporação e drenagem, entre outros. Os volumes relativos a cada etapa do ciclo serão examinados, bem como a água existente nos principais rios e lagos do planeta. Nesse capítulo também são discutidas as propriedades essenciais da água e as características físicas e químicas que fazem dela uma substância peculiar, de enorme importância para a vida de todos os organismos da Terra, incluindo a espécie humana.

---

[1] "Usos múltiplos" da água referem-se aos usos para várias atividades simultaneamente: por exemplo, a água de um lago pode ser utilizada ao mesmo tempo para abastecimento público, recreação, turismo e irrigação.

No capítulo 2 são apresentados e discutidos os volumes e estatísticas sobre os recursos hídricos do Brasil e as relações entre a distribuição dos recursos hídricos e a população. Discute-se também a importância das atividades humanas no ciclo hidrológico e a disponibilidade hídrica social.

O capítulo 3 apresenta os usos múltiplos da água e os benefícios que podem trazer ao desenvolvimento e manutenção da qualidade de vida. Apresentam-se também os históricos e as tendências no uso das águas e a disponibilidade social no acesso a ela como motivo da exclusão social. São também discutidos os usos múltiplos da água no Brasil e sua importância para o desenvolvimento do país.

No capítulo seguinte discutem-se os impactos das várias atividades humanas, do crescimento populacional e da contaminação do solo e atmosfera na situação dos recursos hídricos. A contaminação das águas superficiais e subterrâneas é um dos problemas que afetam a segurança coletiva da população e a saúde pública.

Os impactos de usos múltiplos dos recursos hídricos no Brasil e suas consequências ecológicas, econômicas e sociais são discutidos no capítulo 5, em que também são apresentadas informações sobre sua magnitude e o potencial para aumento no futuro, se ações decisivas e integradas não forem implantadas.

No capítulo 6 são abordados o planejamento e gestão dos recursos hídricos. Descrevem-se a evolução dos sistemas e processos de gerenciamento e gestão ao longo do século 20 e também os vários mecanismos para gestão integrada e preditiva, especialmente ao nível de bacia hidrográfica.

Finalmente, no capítulo 7, são discutidas as questões principais referentes ao futuro dos usos e gestão das águas no século 21: alternativas para enfrentar a escassez, mecanismos e tecnologias avançadas para diminuir a contaminação e ainda a introdução de uma nova ética para a água – consubstanciada na gestão ambiental mais ampla –, usos do solo, proteção das florestas e biodiversidade, recuperação e proteção de áreas alagadas. Apresentam-se as últimas resoluções das Nações Unidas sobre o problema da água, culminando com a implantação da Década Mundial da Água a partir de 2005.

O leitor poderá consultar um glossário, no fim do livro, para melhor explicação sobre termos utilizados. Também foram incluídos termos não utilizados no texto, mas que podem ser úteis para esclarecimentos futuros.

Considerando-se a obra como um todo, foi feito um esforço para promover uma visão sistêmica, sintética e útil sobre um recurso natural essencial à sobrevivência das espécies – incluindo a espécie humana – e vital para o funcionamento equilibrado do planeta.

A ÁGUA NO PLANETA TERRA

A água é uma substância essencial à vida. É encontrada na Terra sob as formas sólida, líquida e gasosa. Noventa e oito por cento da água neste planeta encontra-se nos oceanos (aproximadamente 109 mil km^3 de água). Águas doces, que constituem os rios e lagos nos continentes, e águas subterrâneas são relativamente escassas. Essas águas doces nos continentes são a fonte que produz alimentos e colheitas, mantém a biodiversidade e os ciclos de nutrientes, e mantém também as atividades humanas. Sem água de qualidade adequada, o desenvolvimento econômico-social e a qualidade da vida da população humana ficam comprometidos. As fontes de água doce, superficiais ou subterrâneas, têm sofrido, especialmente nos últimos cem anos, em razão de um conjunto de atividades humanas sem precedentes na história: construção de hidrovias, urbanização acelerada, usos intensivos das águas superficiais e subterrâneas na agricultura e na indústria.

O ciclo hidrológico (passagem constante de um estado a outro, como veremos no capítulo 1) renova as quantidades de água e também a sua qualidade. Entretanto, esta água que passa do estado líquido para o gasoso, e também se acumula no estado sólido (gelo) nas calotas polares, não é infinita. O ciclo renova a quantidade de vapor d'água na atmosfera e a quantidade da água líquida, periodicamente, mas é sempre a mesma quantidade de água que é renovada. O aumento intenso de demanda diminui, portanto, a disponibilidade de água líquida e coloca em perigo os usos múltiplos, a expansão econômica e a qualidade de vida. As águas doces continentais também sofrem com a contaminação causada por inúmeras substâncias, pelo despejo de esgotos domésticos e industriais, e com acúmulo destas nos sedimentos de rios, lagos e represas.

Como se chegou a este ponto no uso e degradação de um recurso natural vital para a sobrevivência de todas as espécies de animais e plantas?

A resposta é: porque se acreditava que o recurso era infinito, assim como a capacidade de autodepuração do sistema. Pensava-se que a tecnologia desenvolvida pelo homem poderia tratar qualquer tipo de água contaminada e recuperá-la. Na verdade, o recurso é finito, pois a quantidade de água líquida depende de demanda, e a capacidade de autodepuração dos sistemas tem limite; é bom ter em mente, também, que os custos para transformar água de qualquer qualidade em água potável estão se tornando proibitivos.

Deve-se ainda considerar que as grandes massas urbanas – 3 bilhões de pessoas – necessitam de grandes volumes de água para sua sustentabilidade; além disso, produzem uma massa enorme de detritos (fezes e urina), que necessitam de tratamento imediato para não contaminar as águas superficiais e subterrâneas. Este conjunto de problemas levou à atual situação da água, uma crise sem procedentes, que demanda ações de curto, médio e longo prazos.

A tabela abaixo mostra, simplificadamente, a distribuição de águas doces e salinas e águas no estado sólido.

Tabela 1

	Volume (km^3)
Oceanos	1.322.000.000
Gelos polares e calotas polares	29.200.000
Águas subterrâneas	24.000.000
Lagos de água doce	125.000
Lagos salinos e mares interiores	104.000
Rios e riachos de águas doces	1.200
Drenagem de águas doces de superfície para os oceanos	37.000
Precipitação sobre os oceanos	412.000.000
Precipitação sobre os continentes	108.000.000

A distribuição das águas doces no planeta Terra é desigual, como se verá no capítulo 1. A figura a seguir mostra as porcentagens de águas doces no planeta Terra.

Figura 1 – Distribuição das águas na Terra

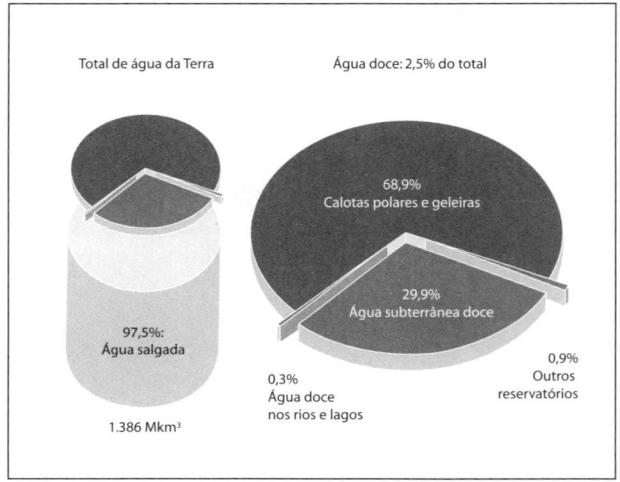

Fonte: Shiklomanov (1998).

1. O CICLO HIDROLÓGICO E AS PROPRIEDADES ESSENCIAIS DA ÁGUA

Toda a água no planeta Terra se encontra em fases líquida, sólida ou gasosa. Este ciclo, em constante movimento entre as três fases, é o ciclo hidrológico, princípio unificador de todos os processos referentes à água no planeta. Os principais componentes deste ciclo são:

- **Precipitação** – água que é adicionada à superfície da Terra a partir da atmosfera. Pode ser líquida (chuva) ou sólida (neve ou gelo).
- **Evaporação** – transformação da água líquida para a fase gasosa (vapor d'água) e acúmulo na atmosfera. A maior parte da evaporação se dá através dos oceanos. Rios, lagos e represas também passam pelo processo de evaporação.
- **Transpiração** – perda de vapor d'água, ativamente, pelas plantas.
- **Infiltração** – processo pelo qual a água é absorvida e se infiltra no solo.

- **Percolação** – processo pelo qual a água entra no solo e nas formações rochosas até o lençol freático.
- **Drenagem** – movimento de deslocamento da água nas superfícies durante a precipitação.

O ciclo hidrológico é impulsionado pela radiação solar, que é a energia que promove a evaporação, e pelos ventos, que transportam o vapor d'água da atmosfera para os continentes (figura 2). A velocidade do ciclo hidrológico muda de uma era geológica para outra, assim como a proporção total de águas doces e águas oceânicas costeiras e estuários. Toda a história da vida no planeta está relacionada com o ciclo hidrológico e a sua intensidade nas diferentes regiões. Está, portanto, relacionada com a distribuição e disponibilidade das águas na Terra.[2]

Figura 2 – O ciclo hidrológico. Os números em km^3 (x10^3) indicam os fluxos de evaporação, precipitação e drenagem para os oceanos. (Modificado de várias fontes.)

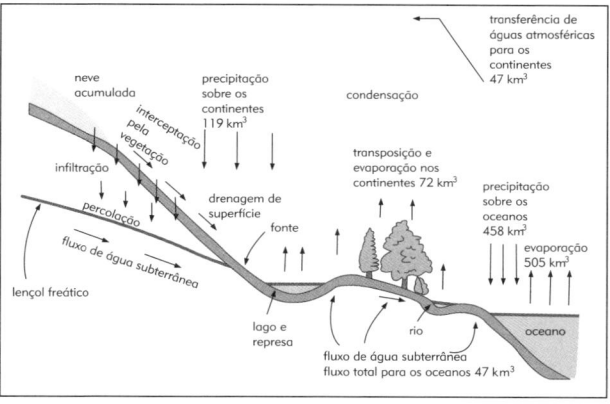

---

[2] A concepção de que o ciclo hidrológico é fechado e não há contribuição de fora do planeta tem mudado. Há hipóteses mais recentes, baseadas em informações de que adições de água do espaço podem ter ocorrido ao longo da história do planeta Terra.

A distribuição das águas doces no planeta é desigual, pois depende das relações entre a evaporação e a precipitação e a capacidade da reserva de água na superfície (lagos e rios) e nas águas subterrâneas. A tabela 2 mostra alguns dos lagos mais importantes. A tabela 3 mostra os volumes e a descarga de alguns dos lagos mais importantes da Terra. A tabela 4 descreve os países com mais e menos água. Neste caso, deve-se fazer uma observação. A disponibilidade de água está sempre relacionada com o número de habitantes de uma determinada região, ou seja, a disponibilidade *per capita*, como mostra a mesma tabela.

Tabela 3

Rio*	Comprimento (km)	Área da bacia (km^2)	Descarga (km^3/ano)	Intensidade mm/ano (D/C)
A	B	C	D	E
1. Amazonas	7,047	7.049.980	3.767,8	534
2. Congo	4,8888	3.690.750	1.255,9	340
3. Yangtzé	6,1812	1.959.375	690,8	353
4. Missouri	6,948	3.221.183	556,2	173
5. Mekong	4,68	810.670	538,3	664
6. Orinoco	2,3094	906.500	538,2	594
7. Paraná	4,3308	3.102.820	493,3	159
8. Ganges	1,8	488.992	439,6	899
9. Mackenzie	3,663	1.766.380	403,7	229
10. St. Lawrence	2,808	1.010.100	322,9	320
11. Danúbio	3,1986	816.990	197,4	242
12. São Francisco	3,5766	652.680	107,7	165
13. Nilo	7,4826	2.849.000	80,7	28
14. Murray-Darling	6,0678	1.072.808	12,6	12

Fontes: Modificado a partir de Gleick (1993), Rebouças *et al.* (2002).

Tabela 2 – Algumas características dos lagos mais importantes do planeta

Lago	Área (km²)	Volume (km³)	Profundidade máxima (m)	Continente
Superior	82.680	11.600	406	América do Norte
Vitória	69.000	2.700	92	África
Huron	59.800	3.580	299	América do Norte
Michigan	58.100	4.680	281	América do Norte
Tanganica	32.900	18.900	1.435	África
Baikal	31.500	23.000	1.741	Ásia
Ontário	19.000	1.710	236	América do Norte
Maracaibo	13.300	-	35	América do Sul
Nicarágua	8.430	108	70	América Central
Titicaca	8.110	710	230	América do Sul
Albert	5.300	64	57	África

Fonte: Adaptado de Shiklomanov, em Gleik (2000).

	Transporte de substâncias dissolvidas Td t/km²/ano	Transporte de sólidos em suspensão Ta t/km²/ano	Ta/Td	Quantidade total transportada (t x 10⁶/ano)
	F	G	H	I
	46,4	79,0	1,7	290,0
	11,7	13,2	1,1	47,0
	NA	490,0	NA	NA
	40,0	94,0	2,3	131,0
	75,0	435,0	5,8	59,0
	52,0	91,0	1,7	50,0
	20,0	40,0	2	56,0
	78,0	537,0	6,9	76,0
	39,0	65,0	1,7	
	51,0	5,0	0,1	54,0
	75,0	84,0	1,1	60,0
	NA	NA	NA	NA
	5,8	37,0	6,4	10,0
	8,2	30,0	13,6	2,3

*Para a maioria dos rios, manteve-se o nome original.

Tabela 4 – Países com mais água e países com menos água

Países com mais água (em m³/habitantes)	
1º Guiana Francesa	812.121
2º Islândia	609.319
3º Suriname	292.566
4º Congo	275.679
25º Brasil	48.314
Países com menos água (em m³/habitantes)	
Kuait	10
Faixa de Gaza (Território Palestino)	52
Emirados Árabes Unidos	58
Ilhas Bahamas	66

Fonte: Unesco (2003).

PROPRIEDADES E CARACTERÍSTICAS ESSENCIAIS DA ÁGUA

Comparada com outras substâncias, a água (H_2O) apresenta comportamento anômalo. Por exemplo, comparada a substâncias como H_2S (gás sulfídrico) ou NH_3 (amônia-gás) ou HF (ácido fluorídrico), se a água tivesse comportamento normal somente seria encontrada no estado gasoso. No entanto, sob o ambiente de pressão e temperatura da superfície da Terra, a água é líquida (a outra substância inorgânica que se comporta desta forma é o mercúrio).

As propriedades que são únicas e características da água dependem de sua estrutura, composta por dois átomos de hidrogênio e um de oxigênio. Os íons O – H formam ligações com os íons O – H de outra molécula, produzindo um conjunto de ligações de hidrogênio que formam um cristal líquido. Este conjunto de ligações é que garante que a água se mantenha líquida à temperatura e pressão ambientes, enquanto nessas condições H_2S, NH_3 e HF são gases.

Quando a água congela, ela se expande; a passagem de um estado para outro – líquido para sólido ou líquido para gasoso – representa uma alteração nas ligações de hidrogênio. Quando o gelo se dissolve e a água passa para o estado líquido, as moléculas se agregam, e entre 0° e 4° a densidade da água aumenta. Acima desta temperatura, as moléculas se desagregam, mantendo a forma líquida, porém menos densa. A figura 3 mostra as alterações na densidade da água com a temperatura. As características essenciais da água são demonstradas no quadro 1.1.

Figura 3 – Alterações na densidade da água, com mudanças de temperatura

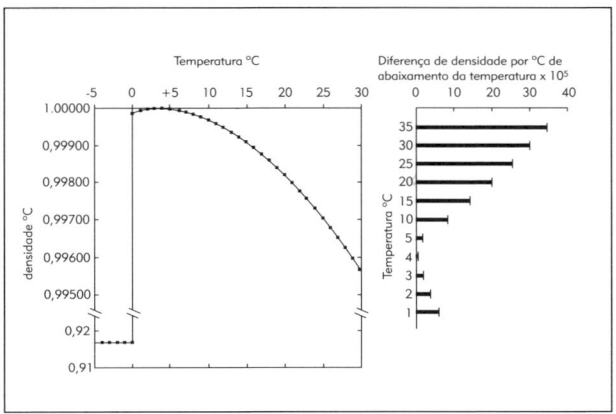

Fonte: Wetzel (1993).

Quadro 1.1 – Características essenciais da água

Fórmula química: H_2O

Peso Molecular: 18

Características físicas – em atmosfera-padrão e à temperatura ambiente:
- Congela a $0°C$
- Ferve a $100°C$
- Sofre expansão ao congelar
- Sem cor, sem odor
- Densidade máxima a $4°C$

Calor específico: 1 cal $(g°C)$ = 75,25 J/mol. $°C$

Calor de vaporização a $100°C$: 538 cal/g = 40,6 KJ/mol.

Solubilidade de substâncias na água:
- Cloreto de sódio (NaCl)   = 360 g/l
- 1 butanol (C_4H_9OH)   = 80 g/l
- Etanol (C_2H_5OH)   = todas as proporções
- Lipídios   = muito pouca solubilidade na água

Viscosidade a $20°C$ = 1 centipoise; diminui pouco com o aumento da temperatura

Condutividade elétrica a $20°C$: 4×10^{-8} mho/cm   = 4×10^{-6} siemens (s)/m

Constante dielétrica a $25°C$ = 78,5

Estas características são fundamentais para a água funcionar como substância de grande importância biológica, física e química. A água é chamada de *solvente universal,* o que lhe dá propriedades importantes, pois dissolve substâncias e íons. Outra propriedade importante é a *viscosidade,* uma medida de resistência da água líquida ao fluxo. A *tensão superficial* resulta da ligação coesiva do hidrogênio na base de cristal líquido. Certos animais e plantas se mantêm na superfície da água utilizando-se desta tensão superficial, que se quebra pela presença de substâncias como detergentes e aumenta com a concentração de sais dissolvidos.

2. RECURSOS HÍDRICOS DO BRASIL

s estimativas para o Brasil são de que o país possui entre 12% e 16% de águas doces do planeta. Esta situação, porém, é complexa, porque o Brasil apresenta grandes diferenças biogeofísicas, econômicas e sociais em seu território e, portanto, os volumes da água *per capita* variam bastante, considerando-se a distribuição de água e a densidade da população.

Por exemplo, no Estado do Amazonas a disponibilidade anual *per capita* é de 773.000 m³/habitante/ano, enquanto no Estado de São Paulo a disponibilidade é de 2.209 m³/habitante/ano.

No Nordeste, a disponibilidade é ainda mais baixa: 1.270 m³/habitante/ano. Essas disponibilidades regionais tornam-se também complexas devido às diferenças em usos múltiplos e na distribuição de atividades humanas no território brasileiro. Muitas áreas urbanas demandam inúmeras ações para proteção, conservação e recuperação dos recursos hídricos. Por outro lado, a zona rural necessita de tratamento de água e saneamento básico, da mesma forma que as zonas periurbanas das grandes metrópoles brasileiras.

A tabela 5 mostra o balanço hídrico das principais bacias hidrográficas do Brasil. Nesta tabela, chama a atenção a relação descarga/precipitação. A figura 4 mostra a distribuição da população do Brasil e suas regiões hidrográficas e a figura 5 mostra as províncias e subprovíncias hidrogeológicas do Brasil.

Tabela 5 – Balanço hídrico das principais bacias hidrográficas do Brasil

Bacia hidrográfica	Área (km²)	Média da precipitação (m³/s)	Média de descarga (m³/s)	Evapotranspiração (m³/s)	Descarga/precipitação %
Amazônica	6.112.000	493.191	202.000	291.491	41
Tocantins	757.000	42.387	11.300	31.087	27
Atlântico Norte	242.000	16.388	6.000	10.388	37
Atlântico Nordeste	787.000	27.981	3.130	24.851	11
São Francisco	634.000	19.829	3.040	16.789	15
Atlântico Leste Norte	242.000	7.784	670	7.114	9
Atlântico Leste Sul	303.000	11.791	3.710	8.081	31
Paraná	877.000	39.935	11.200	28.735	28
Paraguai	368.000	16.326	1.340	14.986	8
Uruguai	178.000	9.589	4.040	5.549	42
Atlântico do Sul	224.000	10.515	4.570	5.949	43
Brasil incluindo Bacia Amazônica	10.724.000	696.020	251.000	445.020	36

Fonte: Braga et al. (1998).

As estimativas dos volumes renováveis de recursos hídricos para todas as regiões
são feitas pelas diferenças entre precipitação e evaporação, por continente e
por regiões. As redes hidrológicas que determinam os volumes de águas
precipitadas, a drenagem (vazão) e as razões entre precipitação/evaporação e
drenagem são, portanto, fundamentais para as estimativas das quantidades
de água. Deve-se também estimar a demanda de água para uma avaliação
correta da disponibilidade hídrica.

Figura 4 – Regiões hidrográficas do Brasil e distribuição da população ANA (2002)

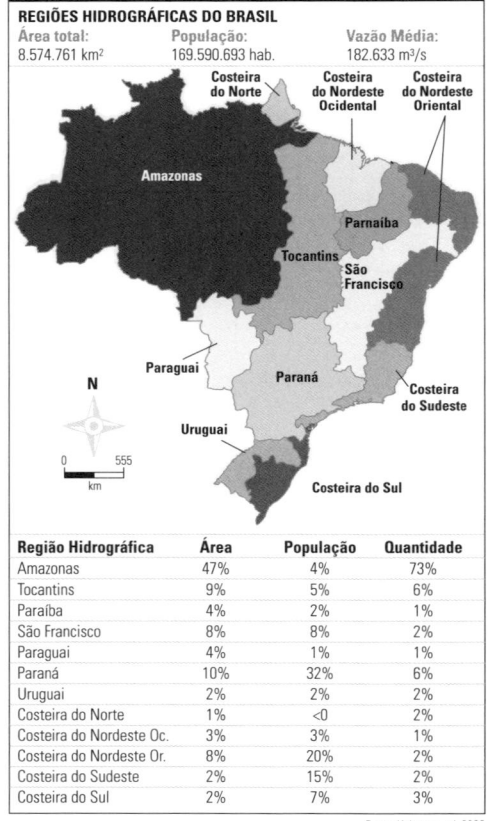

Região Hidrográfica	Área	População	Quantidade
Amazonas	47%	4%	73%
Tocantins	9%	5%	6%
Paraíba	4%	2%	1%
São Francisco	8%	8%	2%
Paraguai	4%	1%	1%
Paraná	10%	32%	6%
Uruguai	2%	2%	2%
Costeira do Norte	1%	<0	2%
Costeira do Nordeste Oc.	3%	3%	1%
Costeira do Nordeste Or.	8%	20%	2%
Costeira do Sudeste	2%	15%	2%
Costeira do Sul	2%	7%	3%

Fonte: Kelman et al., 2002.

Figura 5 – Províncias e subprovíncias hidrogeológicas do Brasil

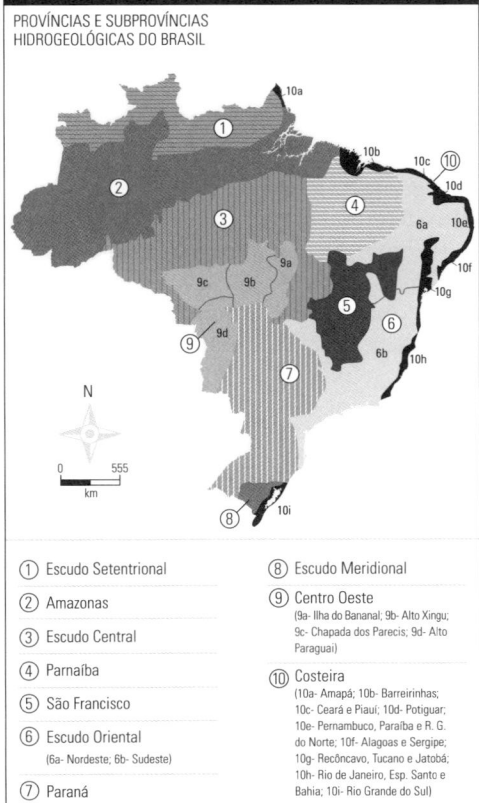

Fonte: Kelman et al., 2002.

Além das águas superficiais distribuídas em uma extensa rede hídrica, há um volume considerável de águas subterrâneas, também diversificado nas várias regiões do Brasil. Ele constitui uma reserva de água apreciável, já utilizada intensivamente e com riscos relativos à sua quantidade e qualidade.

Um dos exemplos mais importantes desta reserva de águas subterrâneas é o aquífero Guarani, cujas reservas são estimadas em 48.000 km^3 (ver quadro 2.1).

Deve-se ainda considerar que o Brasil compartilha recursos hídricos superficiais e subterrâneos com outros países da América do Sul na grande bacia amazônica (área de 6.112.000 km^2) e na bacia do rio do Prata (área de 3.000.000 km^2). Essas duas grandes bacias compartilhadas trazem problemas adicionais de gerenciamento de recursos hídricos, que dependem de tratados e sistemas de gestão internacionais. A produção total de águas doces no Brasil representa 53% da produção do continente sul-americano (334.000 m^3/s).

Devido às atividades humanas diversificadas, no Brasil há interferências no ciclo hidrológico[3] nas várias regiões. De modo geral essas interferências podem ser descritas como: 1) construção de reservatórios para diversos fins e interferências na evaporação e escoamento; 2) uso excessivo de águas subterrâneas em algumas regiões; 3) importação de água e transposição de águas entre bacias hidrográficas; 4) urbanização acelerada que interfere no ciclo hidrológico. Portanto, a *dinâmica* do ciclo hidrológico é alterada.

A relação entre *disponibilidade hídrica social* e a utilização total das águas no Brasil é mostrada na tabela 6.

---

[3] Interferência nas *quantidades* de água e na *dinâmica* do ciclo hidrológico. Impactos na qualidade das águas superficiais e subterrâneas serão discutidas no capítulo 4.

Quadro 2.1

O aquífero Guarani

As reservas brasileiras de água subterrâneas desse aquífero são estimadas em 48 mil km³, sendo as recargas naturais nos 118 mil km² de afloramento da ordem de 26 km³/ano, enquanto as recargas indiretas reduzidas pelos potenciais hidráulicos superiores das águas acumuladas nos basaltos e sedimentos do Grupo Bauru/Caiuá, da ordem de 140 km³/ano. O tempo de renovação de suas águas é de 300 anos, contra 20 mil anos na Grande Bacia Artesiana da Austrália, por exemplo. As águas são de excelente qualidade para consumo doméstico e industrial e para irrigação; em função das temperaturas superiores a 30°C em todo o domínio confinado, vêm sendo muito utilizadas para desenvolvimento de balneários. Em cerca de 70% da área de ocorrência, onde as cotas topográficas são inferiores aos 500 m, há possibilidade de os poços serem jorrantes. O extrativismo é dominante e o desperdício é flagrante, exigindo medidas urgentes nos planos nacional e internacional.[4] O aquífero Guarani é uma importante reserva de água de excelente qualidade e que necessita de proteção e conservação.

Fonte: Rebouças et al. (2002).

---

[4] Ver na Bibliografia: Rebouças, 1976, 1994.

Tabela 6 – Disponibilidade hídrica social e demanda por Estado no Brasil

Estados	Potencial hídrico (km³/ano)	População habitantes**
Rondônia	150,2	1.229.306
Acre	154,0	483.593
Amazonas	1.848,3	2.389.279
Roraima	372,3	247.131
Pará	1.124,7	5.510.849
Amapá	196,0	379.459
Tocantins	122,8	1.048.642
Maranhão	84,7	5.222.183
Piauí	24,8	2.673.085
Ceará	15,5	6.809.290
R. G. do Norte	4,3	2.558.660
Paraíba	4,6	3.305.616
Pernambuco	9,4	7.399.071
Alagoas	4,4	2.633.251
Sergipe	2,6	1.624.020
Bahia	35,9	12.541.675
M. Gerais	193,9	16.672.613
E. Santo	18,8	2.802.707
R. Janeiro	29,6	13.406.308
São Paulo	91,9	34.119.110
Paraná	113,4	9.003.804
Sta. Catarina	62,0	4.875.244
R. G. do Sul	190,2	9.634.688
M. G. do Sul	69,7	1.927.834
M. Grosso	522,3	2.235.832
Goiás	283,9	4.514.967
D. Federal	2,8	1.821.946
Brasil	**5.733,0**	**157.070.163**

Fontes: I Srhimma.**Censo IBGE (1999);*** Rebouças (1994).

Disponibilidade hídrica social (m³/hab/ano)	Densidade populacional (hab/km²)	Utilização *** total (m³/hab/ano)	Nível de utilização 1991
115.538	5,81	44	0,03
351.123	3,02	95	0,02
773.000	1,50	80	0,00
1.506.488	1,21	92	0,00
204.491	4,43	46	0,02
516.525	2,33	69	0,01
116.952	3,66		
16.226	15,89	61	0,35
9.185	10,92	101	1,05
2.279	46,42	259	10,63
1.654	49,15	207	11,62
1.394	59,58	172	12,00
1.270	75,98	268	20,30
1.692	97,53	159	9,10
1.625	73,97	161	5,70
2.872	22,60	173	5,71
11.611	28,34	262	2,12
6.714	61,25	223	3,10
2.189	305,35	224	9,68
2.209	137,38	373	12,00
12.600	43,92	189	1,41
12.653	51,38	366	2,68
19.792	34,31	1.015	4,90
36.684	5,42	174	0,44
237.409	2,62	89	0,03
63.089	12,81	177	0,25
1.555	303,85	150	8,56
35.732	**18,37**	**273**	**0,71**

A ÁGUA E O DESENVOLVIMENTO ECONÔMICO E SOCIAL DO BRASIL

A disponibilidade de água e a demanda no Brasil não são homogêneas, como se verificou, havendo uma pressão excessiva para usos múltiplos e grandes impactos nas águas superficiais e subterrâneas em várias regiões, especialmente no Sudeste, onde o grau de urbanização e a atividade industrial são intensos.

O gerenciamento nessas regiões urbanas é complexo e necessita medidas urgentes de gestão integrada em nível de bacias hidrográficas, que promovam uma alteração substancial na demanda, diminuam desperdícios e produzam alternativas para o uso de recursos hídricos (redução do uso doméstico, reuso de água, coleta de águas de chuvas, alteração dos métodos de irrigação na agricultura).

3. USOS MÚLTIPLOS DOS RECURSOS HÍDRICOS

Todos os organismos necessitam de água para a sobrevivência. Além de necessitar dela para suas funções vitais, o que é suprido pela dessedentação, a espécie humana também usa água para muitas outras atividades.

À medida que a sociedade foi se tornando mais desenvolvida economicamente e mais complexa, os usos múltiplos da água foram também se tornando mais diversificados. Tal diversificação torna a gestão das águas uma tarefa especializada e de alto valor técnico, uma vez que é necessário otimizar os usos múltiplos, de modo a utilizar a água da forma mais eficiente e econômica possível.

A intensa urbanização ocorrida em escala mundial (e também no Brasil) introduziu outras escalas de demanda, desperdício e contaminação de águas. As grandes concentrações urbanas necessitam de volumes de água tratada em quantidades enormes – milhares de metros cúbicos por hora – e também produzem resíduos em grande escala, que poluem e contaminam águas subterrâneas, rios, lagos e represas.

O conjunto de atividades em que se utilizam recursos hídricos superficiais e subterrâneos pode ser assim descrito:

Tabela 7 – Usos múltiplos da água

Agricultura	Irrigação e outras atividades relacionadas
Abastecimento público	Usos domésticos
Hidroeletricidade	
Usos industriais diversificados	Resfriamento, diluição, aquecimento
Recreação	
Turismo	
Pesca	Produção pesqueira comercial ou esportiva
Aquacultura	Cultivo de peixes, moluscos, crustáceos de água doce. Reserva de água doce para futuros empreendimentos e consequente uso múltiplo
Transporte e navegação	
Mineração	Lavagem de minérios
Usos estéticos	Paisagismo

Estas atividades são desenvolvidas simultaneamente, produzindo inúmeros problemas relativos às demandas de água e também gerando conflitos entre seus usos múltiplos. Quanto mais diversas forem a atividade econômica e o desenvolvimento social, maior será o número de usos múltiplos e, potencialmente, de conflitos. São conflitantes, por exemplo, a recreação e o turismo e o uso industrial, pois, se a água estiver contaminada, há ameaças à saúde humana. São conflitantes a atividade industrial que utiliza muita água e a pesca e a aquacultura (cultivo comercial de organismos aquáticos, plantas ou animais), especialmente se os efluentes industriais não forem tratados. São conflitantes, até certo ponto, a mineração e o abastecimento público, pois a mineração pode deteriorar mananciais e fontes de abastecimento superficial e subterrâneo.

Por outro lado, a água proporciona um conjunto de benefícios para o homem através dos "serviços" proporcionados pelos ecossistemas aquáticos. A tabela 8 demonstra esses serviços e benefícios.

Tabela 8

Benefícios do uso dos ecossistemas aquáticos para o homem
Preparação de alimentos nas residências e elaboração industrial de alimentos
Suprimento de água para o corpo, higiene pessoal, disposição de resíduos
Irrigação
Água para animais domesticados, produção em massa de vários alimentos
Geração de energia
• Hidroeletricidade
• Regulação de temperatura
• Transferência de energia em processos de aquecimento e resfriamento
• Uso em manufatura
• Uso para extinguir incêndios
Produtos de colheita em ecossistemas aquáticos saudáveis
Pesca e vida selvagem (esporte, pesca esportiva, caça, natação)
Extração de madeira e fungos (florestas tropicais)
Produtos vegetais de áreas alagadas, brejos, lagos (arroz, bagas silvestres)
Minerais de rios e materiais (areia e cascalho)
Serviços proporcionados pelos ecossistemas aquáticos saudáveis
Recreação
Turismo
Transporte e navegação

Reserva de água doce (em bacias hidrográficas e em geleiras)
Controle de enchentes
Disposição de nutrientes nas várzeas
Purificação natural de detritos
Hábitat para diversidade biológica
Moderação e estabilização de microclimas urbanos e rurais
Moderação do clima global
Balanço de nutrientes e efeitos-tampão em rios
Saúde mental e estética

A figura 6 mostra as tendências no consumo global de água no período de 1900 a 2000. Se essas tendências continuarem sem modificação substancial na gestão, e com os desperdícios gerais nos usos, por volta de 2050 o consumo global de água estará em torno de 12.000 km^3/ano, o que é praticamente o dobro do atual. Observa-se na figura a seguir que o uso para agricultura é o mais importante, seguindo-se os usos na indústria, no abastecimento público e no armazenamento de água por represas. Águas armazenadas são utilizadas há milênios pela espécie humana – e também por castores, única outra espécie animal que constrói barramentos em rios.

As represas são utilizadas para a hidroeletricidade, recreação, turismo e irrigação e também para a produção de peixes por peixamento ou aquacultura. Atualmente, há cerca de 9.000 km^3 de águas armazenadas em represas em todos os continentes.

O uso das águas em residências é mostrado na figura 7. Verifica-se que o uso diário *per capita* é de aproximadamente 560 litros, com perdas variáveis que dependem dos equipamentos domésticos e do grau de informação dos ocupantes da casa sobre a necessidade de economizar água. Deve-se considerar que essas perdas estão relacionadas com o mau uso da água

Figura 6 – Tendências no consumo global de água, 1900-2000

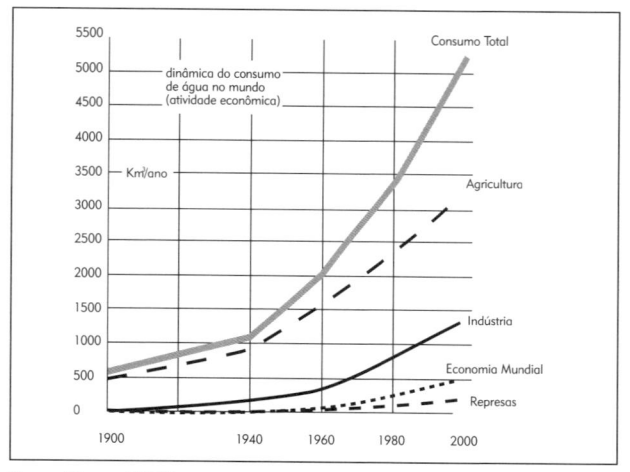

[Gráfico com eixo Y em Km³/ano (0 a 5500) e eixo X de 1900 a 2000, mostrando dinâmica do consumo de água no mundo (atividade econômica): Consumo Total, Agricultura, Indústria, Economia Mundial, Represas.]

Fonte: Biswas (1991).

nas residências, torneiras abertas, banhos prolongados, banheiros com grande descarga. O consumo dentro e fora das residências depende muito do estilo de vida, do grau de desenvolvimento econômico da família e da área de jardins, volume de piscinas e outros equipamentos ou instalações. O volume *per capita* apresentado é o que utiliza uma família de classe média com renda *per capita* de US$ 5 mil por mês, em países desenvolvidos.

Nos países em desenvolvimento e em regiões pobres, com renda *per capita* entre US$ 200 e US$ 400 por mês, o volume de água utilizado é muito menor: 100 a 200 litros por pessoa por dia. Em regiões muito pobres, com dificuldades de distribuição de águas, o volume utilizado é de 10 a 20 litros por pessoa por dia; volumes muito menores são utilizados em regiões semiáridas onde há escassez de água: 1 ou 2 litros por dia no máximo. Essa distribuição no uso da água mostra como as desigualdades dependem da disponibilidade de água e do acesso a ela.

Nas populações que vivem na área rural, há também grande diversidade no uso doméstico da água, resultado do acesso, da qualidade da água e dos volumes disponíveis. O quadro 3.1 mostra que a distribuição e o acesso à água para populações periurbanas em muitas regiões metropolitanas é um dos fatores fundamentais de desigualdade e exclusão social.

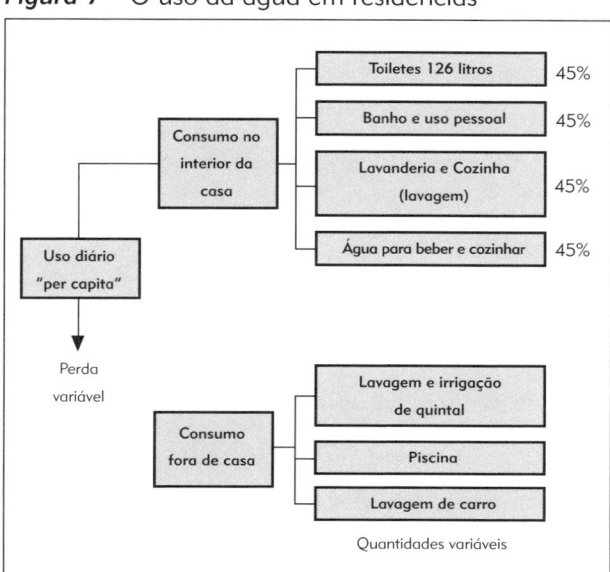

Figura 7 – O uso da água em residências

- Uso diário "per capita"
  - Consumo no interior da casa
    - Toiletes 126 litros — 45%
    - Banho e uso pessoal — 45%
    - Lavanderia e Cozinha (lavagem) — 45%
    - Água para beber e cozinhar — 45%
  - Perda variável
  - Consumo fora de casa
    - Lavagem e irrigação de quintal
    - Piscina
    - Lavagem de carro
    - Quantidades variáveis

Fontes: Gibbons, 1987; Postel, 1997; Tundisi, 2003.

Quadro 3.1

O acesso à água tratada e de qualidade é um direito de todo cidadão, que o Estado deve garantir. O acesso à água para todos promove novas formas de integração social e de cidadania, especialmente levando-se em conta a saúde humana e a qualidade e expectativa de vida. É fato reconhecido e demonstrado a enorme redução da mortalidade infantil proporcionada pelo acesso à água tratada e de qualidade. Em grandes centros urbanos, sobretudo de países em desenvolvimento ou emergentes, a população da área central recebe água que o setor público distribui às residências, escolas, indústrias, clubes ou associações e comércio. Já a população situada em áreas periurbanas não tem acesso a água encanada e, portanto, depende da água distribuída por companhias privadas, em carros-pipa, tendo de pagar mais caro por água de pior qualidade. A população da zona central das cidades, em muitos países, gasta 1% do salário com a água, enquanto a população da zona periurbana gasta 15%. Igualmente exclusiva é a distribuição de águas à população rural, a qual, além de não ter acesso a água adequada, depende do uso de cacimbas ou poços sem águas tratadas, de qualidade baixa ou, em muitos casos, contaminados por resíduos de fossas, pocilgas ou estábulos com grande concentração de animais. Portanto, todos os projetos e iniciativas que promovem a chegada de água de qualidade para as zonas periurbanas e rurais, especialmente para populações de baixa renda, representam políticas públicas de inclusão social e de equidade entre os cidadãos.

São muito grandes as perdas na distribuição de águas, em escala mundial. A maioria dos especialistas concorda em números que vão de 30% a 40% de perdas de água na rede, devido a encanamentos velhos, vazamentos, ou outros fatores, que variam regionalmente e de país para país.

USOS MÚLTIPLOS DE ÁGUA NO BRASIL

No Brasil, os usos múltiplos da água são bastante diversificados e variam para cada região. Aproximadamente 90% dos recursos hídricos no Brasil são utilizados para produção agrícola, produção industrial e consumo humano.[5] O conjunto de atividades em que se utilizam os recursos hídricos no Brasil são:

- Abastecimento público em áreas urbanas
- Abastecimento em áreas rurais
- Irrigação, utilizando-se águas superficiais e subterrâneas
- Usos industriais: resfriamento de água, abastecimento, diluição, limpeza
- Navegação para transporte em larga escala (hidrovias)
- Turismo
- Recreação
- Produção de hidroeletricidade
- Pesca e piscicultura
- Agricultura

Estes usos múltiplos variam de acordo com a região do Brasil. Por exemplo, no interior dos Estados de São Paulo, Paraná e Minas Gerais, a população utiliza intensivamente os reservatórios construídos para produção de hidroeletricidade, como fonte de recreação e

---

[5] C. E. M. Tucci, *Hidrologia: Ciência e Aplicação*. 2ª ed. Porto Alegre: Editora da UFRGS/ABRH, 2000.

turismo. Acesso a água doce de boa qualidade é fundamental para a recreação e turismo. Pesca esportiva e comercial é uma atividade crescente em águas interiores, e até mesmo nos reservatórios da região metropolitana de São Paulo se pratica pesca comercial.

A produção de hidroeletricidade no Brasil é uma das atividades que utilizaram o potencial hídrico de forma bastante intensiva, especialmente no Sudeste. O Brasil já explorou 35% do seu potencial hidroelétrico, sobretudo nessa região, onde se construíram grandes reservatórios; 85% da energia produzida no Brasil é de fonte hidroelétrica, o que mostra a importância econômica e social do recurso hídrico para nosso desenvolvimento econômico e social.

A figura 8 mostra a distribuição das principais hidroelétricas no Brasil, evidenciando sua grande concentração nas regiões Sul e Sudeste.

Outra atividade importante no Brasil relacionada com os recursos hídricos continentais é a da pesca nos grandes rios, como Amazonas, Paraná, São Francisco e seus tributários. Por exemplo, no rio Amazonas e seus tributários a atividade pesqueira emprega 70 mil pessoas, mantém 250 mil e movimenta entre US$ 10 milhões e US$ 200 milhões por ano. Uma atividade que também se intensifica no Brasil é a aquacultura. Hoje são produzidas 100 mil toneladas de peixes por ano em aquacultura, mas o potencial estimado é pelo menos 30 vezes maior.

Os usos das águas subterrâneas também se intensificam no Brasil, principalmente para atividades agrícolas e abastecimento público.

O Estado de São Paulo, por exemplo, tem 1 milhão de poços artesianos cadastrados (há alguns milhares sem cadastramento e sem outorga[6] pelo Departamento de Águas e Energia Elétrica [DAEE]).

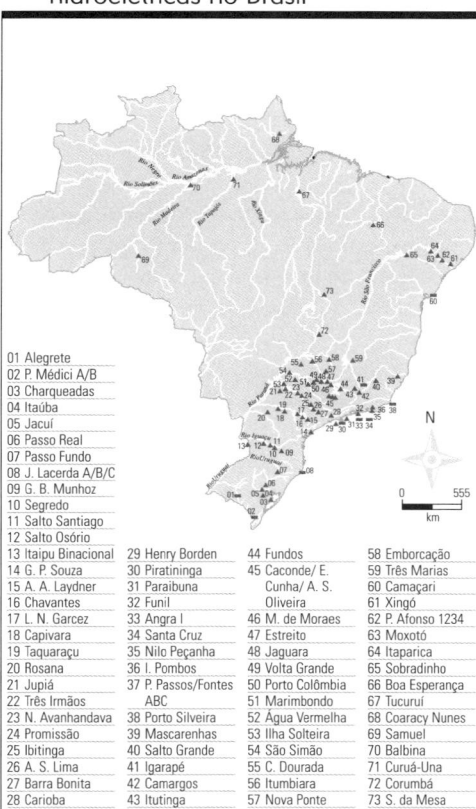

Figura 8 – Distribuição das principais
hidroelétricas no Brasil[7]

01 Alegrete			
02 P. Médici A/B			
03 Charqueadas			
04 Itaúba			
05 Jacuí			
06 Passo Real			
07 Passo Fundo			
08 J. Lacerda A/B/C			
09 G. B. Munhoz			
10 Segredo			
11 Salto Santiago			
12 Salto Osório			
13 Itaipu Binacional	29 Henry Borden	44 Fundos	58 Emborcação
14 G. P. Souza	30 Piratininga	45 Caconde/ E. Cunha/ A. S. Oliveira	59 Três Marias
15 A. A. Laydner	31 Paraibuna		60 Camaçari
16 Chavantes	32 Funil		61 Xingó
17 L. N. Garcez	33 Angra I	46 M. de Moraes	62 P. Afonso 1234
18 Capivara	34 Santa Cruz	47 Estreito	63 Moxotó
19 Taquaraçu	35 Nilo Peçanha	48 Jaguara	64 Itaparica
20 Rosana	36 I. Pombos	49 Volta Grande	65 Sobradinho
21 Jupiá	37 P. Passos/Fontes ABC	50 Porto Colômbia	66 Boa Esperança
22 Três Irmãos		51 Marimbondo	67 Tucuruí
23 N. Avanhandava	38 Porto Silveira	52 Água Vermelha	68 Coaracy Nunes
24 Promissão	39 Mascarenhas	53 Ilha Solteira	69 Samuel
25 Ibitinga	40 Salto Grande	54 São Simão	70 Balbina
26 A. S. Lima	41 Igarapé	55 C. Dourada	71 Curuá-Una
27 Barra Bonita	42 Camargos	56 Itumbiara	72 Corumbá
28 Carioba	43 Itutinga	57 Nova Ponte	73 S. da Mesa

Fonte: Kelman et al., 2002.

[6] Para utilização de águas para qualquer atividade é necessária uma outorga, fornecida pelo DAEE no Estado de São Paulo. Essa outorga dá as condições para usos dos volumes de água e constitui uma licença para uso por determinado período. O usuário deve declarar quanto vai utilizar de água (m^3/s ou m^3/h).

[7] Por esta figura verifica-se que grande parte das hidroelétricas no Brasil está concentrada nas regiões Sul e Sudeste, que representam aproximadamente 30% do potencial já explorado. Os outros 70% encontram-se na região Norte.

O quadro 3.2 apresenta alguns números relativos à água, e a tabela 9 mostra as quantidades de água necessárias para produzir os principais alimentos.

Quadro 3.2

Água em números

- Cerca de 70% do corpo humano consiste em água.
- Aproximadamente 34 mil pessoas morrem por dia devido a doenças relacionadas com a água.
- Das internações hospitalares no Brasil, 65% se devem a doenças de veiculação hídrica.
- Uma pessoa necessita, no mínimo, de cinco litros de água por dia para beber e cozinhar, e 25 litros para higiene pessoal.
- Uma família média consome cerca de 350 litros de água por dia no Canadá, 20 litros na África, 165 litros na Europa e 200 litros no Brasil.
- As perdas de água na rede de distribuição no Brasil variam de 30% a 65% do total aduzido.
- Aproximadamente 1,4 bilhão de litros de água são necessários para produzir um dia de papel para a imprensa mundial.
- Um tomate contém 95% de água.
- 9,4 mil litros de água são necessários para produzir quatro pneus de carro.
- Abastecimento e saneamento adequados reduzem a mortalidade infantil em 50%.
- Uma pessoa sobrevive apenas uma semana sem água.
- Em muitos países em desenvolvimento, mulheres e crianças viajam em média 10 a 15 km todos os dias para obter água.

Fonte: McGill University, CT Hidro (2000).

Tabela 9 – Quantidade de água necessária para produzir os principais alimentos[8]

Produto	Unidade	Água (em m³)
Bovino	Animal	4.000
Ovelhas	Animal	500
Carne fresca bovino	Quilograma	15
Carne fresca de ovelha	Quilograma	10
Carne fresca de frango	Quilograma	6
Cereais	Quilograma	1,5
Cítricos	Quilograma	1
Azeites	Quilograma	2
Legumes, raízes e tubérculos	Quilograma	1

Fonte: Unesco (2003).

---

[8] Exportação de água correspondente à exportação de alimentos. Os números apresentados significam que, com os alimentos ou matéria-prima de agricultura exportados pelo Brasil – soja, milho, suco de laranja, carne bovina e de frangos –, exporta-se indiretamente a água utilizada nessa produção.

4. IMPACTOS NOS RECURSOS HÍDRICOS E SUAS CONSEQUÊNCIAS

Desde o início da Revolução Industrial, em meados do século 19, iniciou-se uma profunda alteração nos ciclos hidrológicos, que afetou quantidades e qualidades de água nas várias regiões do planeta. Essas mudanças se deveram ao aumento do uso, aos impactos em zonas rurais e urbanas e à manipulação de rios, canais e áreas alagadas do planeta, em larga escala. Os principais impactos resultam de desmatamento acelerado, uso excessivo do solo para atividades agrícolas e urbanização acelerada.[9] Quando se faz um balanço das atividades humanas e seu impacto nos últimos 150 anos, verifica-se a enorme gama de atividades humanas que afetam os ecossistemas aquáticos e os riscos produzidos nos valores e serviços (tabela 10).

---

[9] L'Vovich e White, 1990; cap. 14.

Tabela 10 – As várias atividades humanas e o acúmulo de usos múltiplos produzem diferentes ameaças e problemas para a disponibilidade de água e causam riscos elevados

Atividade humana	Impacto nos ecossistemas aquáticos	Valores/ serviços em risco
Construção de represas	Altera fluxo nos rios e o transporte de nutrientes e sedimentos e interfere na migração e reprodução de peixes.	Altera hábitats e a pesca comercial e esportiva. Altera os deltas e suas economias.
Construção de diques e canais	Destrói a conexão do rio com as áreas inundáveis.	Afeta a fertilidade natural das várzeas e os controles das enchentes.
Alteração do canal natural dos rios.	Danifica ecologicamente os rios. Modifica os fluxos dos rios.	Afeta os hábitats e a pesca comercial e esportiva. Afeta a produção de hidroeletricidade e transporte.
Drenagem de áreas alagadas	Elimina um componente-chave dos ecossistemas aquáticos.	Perda de biodiversidade. Perda de funções naturais de filtragem e reciclagem de nutrientes. Perda de hábitats para peixes e aves aquáticas.
Desmatamento/ uso do solo	Altera padrões de drenagem, inibe a recarga natural dos aquíferos, aumenta a sedimentação.	Altera a qualidade e a quantidade da água, pesca comercial, biodiversidade e controle de enchentes.

Atividade humana	Impacto nos ecossistemas aquáticos	Valores/ serviços em risco
Poluição não controlada	Diminui a qualidade da água.	Altera o suprimento de água. Aumenta os custos de tratamento. Altera a pesca comercial. Diminui a biodiversidade. Afeta a saúde humana.
Remoção excessiva de biomassa	Diminui os recursos vivos e a biodiversidade.	Altera a pesca comercial e esportiva. Diminui a biodiversidade. Altera os ciclos naturais dos organismos.
Introdução de espécies exóticas	Elimina as espécies nativas. Altera ciclos de nutrientes e ciclos biológicos.	Perda de hábitats e alteração da pesca comercial. Perda da biodiversidade natural e estoques genéticos.
Poluentes do ar (chuva ácida) e metais pesados	Altera a composição química de rios e lagos.	Altera a pesca comercial. Afeta a biota aquática. Afeta a recreação. Afeta a saúde humana. Afeta a agricultura.
Mudanças globais no clima	Afeta drasticamente o volume dos recursos hídricos. Altera padrões de distribuição de precipitação e evaporação.	Afeta o suprimento de água, transporte, produção de energia elétrica, produção agrícola e pesca e aumenta enchentes e fluxo de água em rios.
Crescimento da população e padrões gerais do consumo humano	Aumenta a pressão para construção de hidroelétricas e aumenta poluição da água e a acidificação de lagos e rios. Altera ciclos hidrológicos.	Afeta praticamente todas as atividades econômicas que dependem dos serviços dos ecossistemas aquáticos.

Fonte: Tundisi (2003).

Em estudo realizado em 600 lagos e represas de todo o planeta por uma equipe do International Lake Environment Committee (Ilec),[10] demonstrou-se que cinco problemas afetam as águas superficiais, com uma série de consequências de curto, médio e longo prazos (figura 9). Dentre eles, a *eutrofização* (grande aumento no suprimento de nitrogênio e fósforo, o que ocasiona crescimento da biomassa e da floração de algas potencialmente tóxicas), a *sedimentação* de lagos, represas e rios e a *contaminação com substâncias tóxicas* são impactos de ordem mundial, que colocam em risco a disponibilidade dos recursos hídricos e aumentam a vulnerabilidade dos organismos aquáticos e da espécie humana à qualidade das águas. Também interferem nos custos do tratamento, produzindo perdas econômicas pelo aumento de custos.

Não só as águas superficiais sofrem o impacto das ações humanas; também as subterrâneas se deterioram, em alguns casos de forma irreversível, sendo impossível sua recuperação, o que causa perda total do aquífero.

Problemas mundiais da água e degradação dos recursos hídricos do planeta Terra:[11]

- A última avaliação do Programa das Nações Unidas para o Meio Ambiente (PNUMA) identifica 80 países com sérias dificuldades para manter a disponibilidade de água. Esses 80 países representam 40% da população mundial.

---

[10] Comitê Internacional do Ambiente de Lagos: organização japonesa que apresenta estudos, projetos e pesquisa para a recuperação de lagos.
[11] Fontes: Programa das Nações Unidas para o Meio Ambiente, 2001; IETC, 2001; Unesco, 2003.

Figura 9 – Principais problemas e processos relacionados com a contaminação de águas superficiais (lagos, rios, represas). Resultado de estudo realizado em 600 lagos de vários continentes pelo Ilec[12]

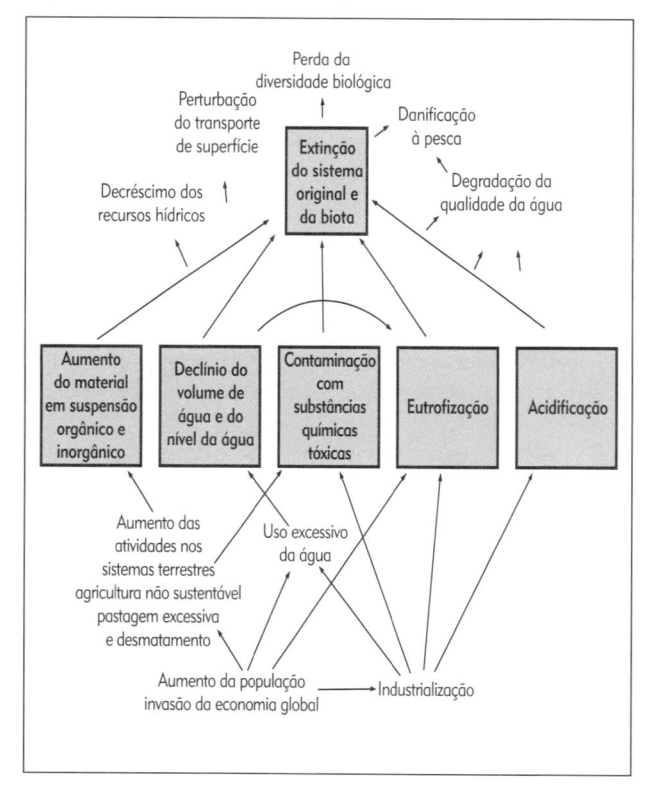

---

[12] Kira, 1993; Tundisi, 1999.

- Cerca de 1/3 da população mundial vive em países onde a falta de água vai de moderada a altamente impactante e o consumo representa mais de 10% dos recursos renováveis da água.
- Mais de 1 bilhão de pessoas têm problemas de acesso à água potável; 2,4 bilhões não têm acesso a saneamento básico.
- Falta de acesso à água de boa qualidade e saneamento resulta em centenas de milhões de casos de doenças de veiculação hídrica e mais de 5 milhões de mortes a cada ano. Estima-se que entre 10 mil e 20 mil crianças morrem todo dia vítimas de doenças de veiculação hídrica.
- Em algumas regiões da China e da Índia, o lençol freático afunda de 2 a 3 metros anualmente e 80% dos rios são tóxicos demais para a manutenção de peixes.
- Mais de 20% de todas as espécies de água doce estão ameaçadas ou em perigo em razão da construção de barragens, diminuição do volume de água e danos causados por poluição e contaminação.
- Cerca de 37% da população mundial vive próxima à costa, onde o esgoto doméstico é a maior fonte de contaminação.
- Eutrofização marinha e costeira causada pelo impacto do nitrogênio é uma das principais fontes de poluição, contaminação e degradação de recursos costeiros e marinhos.
- Há uma preocupação adicional com as consequências das mudanças globais no ciclo de água no planeta e na conservação dos recifes de coral nas regiões tropicais.

- 30 a 60 milhões de pessoas foram deslocadas diretamente pela construção de represas.
- 120 mil km³ de água estão contaminados e para 2050 espera-se uma contaminação de 180 mil km³, caso persista a poluição.

Os principais problemas que se podem enfatizar como altamente impactantes nos recursos hídricos são:

- A contaminação química das águas e seus efeitos na saúde humana.
- O desenvolvimento de megaprojetos de irrigação e transposição de águas que aumentam a vulnerabilidade dos recursos hídricos.
- A construção de represas, cujos impactos positivos e negativos já são relativamente bem conhecidos (tabela 11).
- O aumento nos custos de tratamento de águas devido à contaminação dos mananciais.

Tabela 11 – Hidroelétrica

Efeitos positivos
• Produção de energia – hidroeletricidade
• Criação de purificadores de água com baixa energia
• Retenção de água no local
• Fonte de água potável e para sistemas de abastecimento
• Representativa diversidade biológica
• Maior prosperidade para setores das populações locais
• Criação de oportunidade de recreação e turismo
• Proteção contra cheias das áreas a jusante
• Aumento das possibilidades de pesca
• Armazenamento de águas para períodos de seca
• Navegação
• Aumento do potencial para irrigação
• Geração de empregos
• Promoção de novas alternativas econômicas regionais
• Controle de enchentes
• Aumento de produção de peixes por aquacultura

Efeitos negativos
- Deslocamento das populações
- Emigração humana excessiva
- Deterioração das condições da população original
- Problemas de saúde pela propagação de doenças hidricamente transmissíveis
- Perda de espécies nativas de peixes de rios
- Perda de terras férteis e de madeira
- Perda de várzeas e ecótonos terra/água – estruturas naturais úteis.
- Perda de terrenos alagáveis e alterações em hábitat de animais
- Perda de biodiversidade (espécies únicas); deslocamento de animais selvagens
- Perda de terras agrícolas cultivadas por gerações, como arrozais
- Excessiva imigração humana para a região do reservatório, com os consequentes problemas sociais, econômicos e de saúde
- Necessidade de compensação pela perda de terras agrícolas, locais de pesca e habitações, bem como peixes, atividades de lazer e de subsistência
- Degradação da qualidade hídrica local
- Redução das vazões a jusante do reservatório e aumento em suas variações
- Redução da temperatura e do material em suspensão nas vazões liberadas para jusante
- Redução do oxigênio no fundo e nas vazões liberadas (zero em alguns casos)
- Aumento do H_2S e do CO_2 no fundo e nas vazões liberadas
- Barreira à migração de peixes
- Perda de valiosos recursos hídricos e culturais. Por exemplo, a perda, no Estado de Oregon (EUA), de inúmeros cemitérios indígenas e outros locais sagrados, o que compromete a identidade cultural de algumas tribos
- Perda de valores estéticos
- Perda da biodiversidade terrestre em represas da Amazônia
- Aumento da emissão de gases do efeito estufa, principalmente em represas em que a floresta nativa não foi desmatada[13]
- Introdução de espécies exóticas nos ecossistemas aquáticos
- Impactos sobre a biodiversidade aquática
- Retirada excessiva de água

---

[13] Rosa *et al.*, 1995, 1996, 1999; Matvienko & Tundisi, 1996.

ÁGUA E SAÚDE HUMANA

Os recursos hídricos poluídos por descargas de resíduos humanos e de animais transportam grande variedade de patógenos, entre eles bactérias, vírus, protozoários ou organismos multicelulares, que podem causar doenças gastrintestinais. Outros organismos podem infectar os seres humanos por contato com a pele ou pela inalação a partir de aerossóis contaminados.

As bactérias patogênicas (isto é, que causam doença) detectadas comumente em água contaminada são *Shigella*, *Salmonella*, *Campylobacter*, *Escherichia coli* tóxica, *Vibrio* e *Yersinia*. Outras bactérias patogênicas são *Mycobacterium*, *Pasteurella*, *Leptospina* e *Legionella*, sendo as duas últimas, assim como alguns fungos, transmitidos através do aerossol. Agentes virais também são importantes contaminantes, como o vírus da hepatite, rotavírus, anterovírus (echovírus, adenovírus), parvovírus e vírus da gastroenterite tipo A.[14] À medida que os métodos de detecção melhoram suas características técnicas, aumenta a lista de agentes virais encontrados na água.[15]

Dos protozoários patogênicos, *Giardia* sp, *Entamoeba* sp e *Cryptosporidium* são os mais significativos: causam doenças gastrintestinais e afetam os tecidos da mucosa intestinal, produzindo disenteria, desidratação e perda de peso. A *Naegleria gruberi* produz infecção quase sempre fatal.[16] Muitos vermes parasitas encon-

---

[14] Meybeck *et al.*, 1989.
[15] O conhecimento dos vírus existentes na água e que podem afetar a saúde humana ainda é relativamente incipiente. De um tempo para cá, algumas pesquisas no Brasil vêm tratando do problema.
[16] Hachich *et al.*, 2001.

trados em águas contaminadas por esgotos ou em águas de irrigação podem afetar trabalhadores em serviços públicos (tratamento de esgotos), inúmeras pessoas em áreas de recreação ou trabalhadores no campo em projetos de irrigação. Estes patógenos incluem *Taenia saginata*, *Ascaris lumbricoides*, várias espécies de *Schistosoma* e *Ancylostoma moderade*.

Todos esses organismos se desenvolvem na água em função de descargas de água não tratada (esgotos domésticos), por contribuição de pessoas e animais infectados, animais em regiões de intensa atividade pecuária (gado, aves, suínos) ou por animais silvestres. As doenças de veiculação hídrica aumentam de intensidade e distribuição em regiões de alta concentração populacional – por exemplo, nas zonas periurbanas de metrópoles –, pela intensificação de atividades humanas, como pecuária ou agricultura, ou em decorrência de atividades industriais com resíduos para processamento de carnes ou laticínios e, portanto, com alta carga de matéria orgânica. Quando há deposição inadequada de resíduos sólidos, pode haver contaminação por patógenos das águas superficiais e subterrâneas. Inadequada disposição de resíduos em "aterros sanitários" também pode ocasionar problemas de contaminação de águas superficiais ou subterrâneas. Resíduos sólidos urbanos (restos de alimentos, resíduos de animais domésticos, fraldas descartáveis) contêm patógenos. A reurbanização e a drenagem de rios urbanos pode produzir dispersão de patógenos e veiculá-los.

A persistência de muitos desses patógenos, ao serem despejados em rios, lagos, represas e tanques, depende da concentração de matéria orgânica e da capacidade de autodepuração do ecossistema aquático. A tabela 12 descreve as principais doenças de veiculação hídrica.

Tabela 12 – Principais doenças de veiculação hídrica

Doença	Agente infeccioso	Tipo de organismo	Sintomas
Cólera	Vibrio cholerae	Bactéria	Diarreia severa e grande perda de líquido
Disenteria	Shigella dysinteriae	Bactéria	Infecção do cólon e dores abdominais intensas
Enterite	Clostridium perfringes e outra bactéria	Bactéria	Inflamação do intestino delgado; diarreia; dores abdominais
Febre tifóide	Salmonella typhi	Bactéria	Dor de cabeça; perda de energia; hemorragia intestinal; febre
Hepatite infecciosa	Hepatite, vírus A	Vírus	Inflamação do fígado; vômitos e febre; perda de apetite
Poliomielite	Polivírus	Vírus	Febre, diarreia, dores musculares; paralisia e atrofia dos músculos
Criptosporidiose	Cryptosporidium	Protozoário	Diarreia e dores abdominais
Disenteria amebiana	Entamoeba lytolytica	Protozoário	Infecção do cólon; diarreia e dores abdominais intensas
Esquistossomose	Schistosoma sp	Verme	Doença tropical do fígado; diarreia; perda de energia; fraqueza; dores abdominais intensas
Ancilostomíase	Ancylostoma sp	Verme	Anemia severa
Malária	Anopheles sp	Protozoário	Febre alta
Febre amarela	Aedes sp	Vírus	Anemia
Dengue	Aedes sp	Vírus	Anemia

A CONTAMINAÇÃO QUÍMICA
DAS ÁGUAS
E A SAÚDE HUMANA

Uma das grandes ameaças à sobrevivência da humanidade nos próximos séculos é a contaminação química das águas. O aumento da fabricação de substâncias químicas, logo após a 2ª Guerra Mundial (a chamada "revolução química"), produziu uma enorme e diversificada variedade de compostos químicos[17] e 87 mil compostos sintéticos.[18]

Essas substâncias químicas, desenvolvidas para controlar as doenças, aumentaram a produção de alimentos e a expectativa de vida, mas, ironicamente, tornaram-se uma ameaça à saúde humana, à saúde pública e à biodiversidade, colocando em risco os sistemas de suporte à vida.

A contaminação de mercúrio e metais pesados é outro problema muito grave de contaminação química.[19]

Sedimentos de rios, lagos e represas apresentam, em inúmeras regiões, altas concentrações de metais pesados, tóxicos à saúde de organismos aquáticos e que atingem a espécie humana através da rede alimentar.

---

[17] Kates *et al.*, 1990.
[18] Dumanoski, 1999.
[19] Sakamoto *et al.*, 1991.

A EUTROFIZAÇÃO DAS ÁGUAS SUPERFICIAIS E SUBTERRÂNEAS: UM PROBLEMA GLOBAL

A eutrofização é resultado do enriquecimento com nutrientes de plantas, principalmente fósforo e nitrogênio, que são despejados de forma dissolvida ou particulada em lagos, represas e rios, e transformados em partículas orgânicas, matéria viva vegetal, pelo metabolismo das plantas. A eutrofização natural é resultado da descarga normal de nitrogênio e fósforo nos sistemas aquáticos. A eutrofização "cultural" é proveniente dos despejos de esgotos domésticos e industriais e da descarga de fertilizantes aplicados na agricultura.

Geralmente, a eutrofização cultural acelera o processo de enriquecimento das águas superficiais e subterrâneas. No caso de lagos, represas e rios, esse processo consiste no rápido desenvolvimento de plantas aquáticas, inicialmente cianobactérias, ou "algas verdes azuis", as quais produzem substâncias tóxicas que podem afetar a saúde do homem, além de causar mortalidade de animais e intoxicações. As cianobactérias especialmente dos gêneros *Microcystis* sp e *Cilindrospermopsis* sp podem produzir substâncias tóxicas (hepatotóxicas ou neurotóxicas) que são ameaças a organismos aquáticos e à saúde do homem, capazes de provocar acidentes graves em alguns casos.[20]

Além disso, a eutrofização, em seus estágios mais avançados, resulta em crescimento excessivo de aguapé

---

[20] Azevedo, 2001.

(*Eichhornia crassipes*) ou alface-d'água (*Pistia stratiotes*), que são as plantas aquáticas superiores mais comuns nesse processo, em regiões tropicais e subtropicais.

RESULTADOS GERAIS DOS IMPACTOS

Portanto, de um modo geral, o conjunto que soma atividades humanas, deterioração das fontes de suprimento de água e impactos nos ciclos hidrológicos global e regional tem as seguintes consequências:

- Eutrofização
- Aumento do material em suspensão e assoreamento de lagos, rios, represas
- Perda da diversidade biológica
- Contaminação química
- Alterações no ciclo hidrológico e no volume de rios, reservatórios e lagos
- Aumento da toxicidade da água e sedimento
- Perda da capacidade-tampão (pela remoção de áreas alagadas e florestas ripárias)
- Expansão geográfica de doenças de veiculação hídrica
- Degradação de mananciais e áreas de abastecimento
- Aumento da introdução de espécies exóticas nos sistemas aquáticos
- Diminuição da disponibilidade de água para a população humana
- Degradação de reservas de águas subterrâneas

Outro impacto extremamente importante e que deve ser mencionado é o efeito das mudanças globais (uso do solo e alteração da atmosfera) nos recursos hídricos superficiais e subterrâneos, que adiciona novos problemas à situação de degradação de qualidade e quantidade.[21]

Portanto, as múltiplas atividades humanas que degradam a quantidade e a qualidade dos recursos hídricos produziram um quadro complexo de degradação, que culminou com um conjunto muito grande de deteriorações, algumas irreversíveis. Tais impactos no ciclo econômico de regiões, na saúde humana e no desenvolvimento ainda estão sendo determinados pelos especialistas. Mas já há estimativas regionais precisas e uma estimativa global acaba de ser publicada (em 2003) pelo Millenium Ecosystem Assessment (Avaliação Ecossistêmica do Milênio).

Uma das questões mais comuns sobre os recursos hídricos, atualmente, é saber se a degradação atingiu da mesma forma qualidade e quantidade. Mas isso depende da região. Por exemplo, a região metropolitana de São Paulo tem problemas de qualidade e quantidade, ambos de grande impacto. Em outras regiões, apesar de a quantidade ser satisfatória, a qualidade deteriorou-se mais rapidamente.

O que não se discute mais é que o quadro de degradação das águas superficiais e subterrâneas se tornou muito grave. Pode até ser irreversível. Além de danos econômicos, a degradação causa problemas à saúde pública e ao desenvolvimento local e regional.

---

[21] Tem-se atualmente uma percepção mais avançada de que, além das mudanças globais produzidas na atmosfera, as alterações nos usos e ocupação do solo causam efeitos sinérgicos nos recursos hídricos, ampliando os impactos nas águas superficiais e subterrâneas.

5. RECURSOS HÍDRICOS NO BRASIL

No capítulo 2 vimos que os recursos hídricos no Brasil, apesar de abundantes, estão distribuídos de forma desigual. Nas regiões Sul e Sudeste, onde se encontra a maioria da população brasileira, a demanda por recursos hídricos é crescente e os usos são múltiplos e também diversificados. As duas principais bacias hidrográficas, amazônica e a do rio do Prata, são compartilhadas por países sul-americanos, respectivamente do Norte/Noroeste e do Sul do continente.

Neste capítulo 5 vamos recolher informações sobre os impactos e desafios dos recursos hídricos no Brasil, completando as informações quantitativas apresentadas antes.

A Amazônia e o Pantanal Mato-grossense são duas excepcionais reservas de água e de biodiversidade para o Brasil. São bacias em que há sistemas únicos de interação entre os habitantes e uma biodiversidade com mecanismos de funcionamento únicos no planeta – e que necessitam hoje de planos e projetos de conservação, aumento de áreas de reservas e apoio a projetos de desenvolvimento sustentado. O mínimo que se pode dizer é que os ciclos hidrossociais referentes a essas duas áreas devem ser preservados.

Usos múltiplos da água no Brasil impulsionam o desenvolvimento agrícola e industrial e a economia urbana. O crescimento da população urbana no Brasil, que hoje atinge 81%, aumentou e diversificou nossas demandas hídricas. No capítulo 3, foi visto que estes usos múltiplos variam regionalmente. Quais são os impactos das demandas hídricas e quais as possíveis soluções para resolvê-las?

A tabela 13 mostra as estimativas das áreas irrigadas no Brasil e as demandas de irrigação projetadas para 2010.

Tabela 13

Região	Área irrigada (1.000 ha)	Demanda específica (L/s.ha)	Vazão demandada m³/s	% demanda total
Sul	1.150	0,226	259,90	28,00
Sudeste	900	0,297	267,30	28,80
Nordeste	450	0,472	212,40	22,88
Centro-Oeste	400	0,380	152,00	16,37
Norte	100	0,367	36,70	3,95
Total	3.000		928,30	

Fonte: Cristofidis (1999).

Novas tecnologias de irrigação podem reduzir o uso de água em 30% a 70%. Mas a intensificação do uso do solo tem produzido perdas por erosão muito elevadas nas regiões Sudeste e Sul, ocasionando impactos consideráveis nos ecossistemas aquáticos (até 20 toneladas por hectare por ano de solo superficial).

Outro problema básico, de crucial importância para a recuperação e preservação de águas superficiais e subterrâneas no Brasil, é o saneamento básico: a coleta e tratamento de esgotos e outras medidas preventivas. O maior número de esgotos não tratados nos recursos hídricos superficiais (rios, represas, lagos, canais e áreas alagadas e águas costeiras) aumenta a probabilidade de doenças de veiculação hídrica e agrava o quadro de saúde pública em todas as regiões do país, especialmente nas áreas periurbanas das grandes metrópoles. Faz-se necessário um megaprojeto de saneamento básico para o país, com investimentos em infraestrutura e sistemas de tratamento e coleta de esgotos. Nada menos que 20% da população brasileira não recebe água tratada, recorrendo a outras fontes não confiáveis de água para seu suprimento. A tabela 14 mostra a situação de saneamento no Brasil, comparando dados do IBGE de 1989 e de 2001.

Tabela 14

Grandes regiões	Municípios					
	1989			2000		
	Total	Com serviço de abastecimento de água		Total	Com serviço de abastecimento de água	
		Total	(%)		Total	(%)
Brasil	4.425	4.245	95,9	5.507	5.391	97,9
Norte	298	259	86,9	449	422	94,0
Nordeste	1.461	1.371	93,8	1.787	1.722	96,4
Sudeste	1.430	1.429	99,9	1.666	1.666	100,0
Sul	857	834	97,3	1.159	1.142	98,5
Centro-Oeste	379	352	92,9	446	439	98,4

Fonte: IBGE, Diretoria de Pesquisas, Departamento de População e Indicadores Sociais, Pesquisa Nacional de Saneamento Básico, 1989/2000.

Uma das consequências de um programa avançado de saneamento básico no Brasil será a proteção dos mananciais. Atualmente, grande parte dos mananciais das regiões metropolitanas, municípios de médio porte (100 mil habitantes) e pequenos municípios (10 mil a 20 mil habitantes) está ameaçada pelo avanço da ocupação desordenada, desmatamento e disposição de resíduos sólidos (lixões e aterros sanitários). A degradação de mananciais aumenta os custos de tratamento de água, a probabilidade de expansão de doenças de veiculação hídrica e coloca em risco o abastecimento público. Um dos grandes desafios do Brasil no século 21, no que se refere à gestão das águas, será proteger os mananciais e fontes de abastecimento para garantir suprimento adequado à população.

A tabela 15 mostra os déficits de saneamento por região no Brasil.

Tabela 15 – Déficits do setor de saneamento por região brasileira

Serviço	Déficit (%)					
	Brasil[1]	Região Norte[2]	Região Nordeste[2]	Região Sudeste[2]	Região Sul[2]	Região Centro-Oeste[2]
Água	24,07	32,53	21,74	6,47	9,38	20,29
Esgoto	62,17	98,28	86,78	29,55	82,15	66,73

Fonte: Adaptado de [1] Hespanhol, 1999, e [2] IBGE, 2000.

De modo geral, os principais problemas referentes à gestão de recursos hídricos no Brasil e às necessidades de enfrentar os problemas podem ser sintetizados da seguinte forma:

- Na região Norte, apesar da abundância de água *per capita*, com extensa rede hídrica, os maiores problemas são o saneamento básico, o controle de atividades de pesca (com risco de super–exploração) e a manutenção da biodiversidade terrestre e aquática. Queimadas da floresta e mineração são altamente impactantes nesta região.

- No Nordeste, há escassez de água, salinização de águas superficiais e aquíferos, doenças de veiculação hídrica em larga escala e necessidade da disponibilização de água para a população na zona rural e em pequenos municípios.
- Na região Centro-Oeste, um dos principais desafios é a proteção de um ecossistema único no planeta: o Pantanal Mato-grossense. Isso envolve a conservação de biodiversidade e o controle da pesca, além da manutenção da sustentabilidade do sistema.
- Na região Sudeste, os grandes desafios estão relacionados à recuperação de rios, lagos e represas, à redução dos custos do tratamento de água, à proteção dos mananciais, ao reuso de água e à proteção e recuperação dos aquíferos. Esta é a região com maior impacto nos recursos hídricos. Apresenta grande taxa de urbanização, com menor disponibilidade *per capita* e maior diversidade de usos múltiplos.
- No Sul, há também intensa urbanização e uso agrícola da água e os principais desafios são a proteção dos mananciais, a proteção da biodiversidade em alagados e o estímulo ao reuso de água.

Em todas as regiões, são comuns os problemas de saneamento básico, abastecimento municipal e proteção dos mananciais.

A construção de hidrovias em várias regiões do Brasil é um passo importante para o desenvolvimento econômico, mas tais obras devem ser realizadas e mantidas com tecnologia avançada, evitando impactos e mantendo a sustentabilidade da região. *Todas* as regiões metropolitanas do Brasil, especialmente nas áreas periurbanas, apresentam problemas de disponibilidade da água e saneamento básico.

Quadro 5.1

A Região Metropolitana de São Paulo

Com 20 milhões de habitantes e aproximadamente 1% do território nacional, a região metropolitana de São Paulo concentra todo um conjunto de desafios e processos referentes à qualidade e quantidade de água: disponibilidade, conflitos por usos múltiplos, impactos da eutrofização nas represas de abastecimento público, ocupação de mananciais e destruição e desmatamento de áreas alagadas que são fundamentais para a reciclagem de nitrogênio e fósforo.

Estudos recentes[22] mostraram que a manutenção do cinturão verde da reserva de biosfera da região metropolitana tem um papel fundamental na manutenção de qualidade da água dos rios e represas de abastecimento da cidade. Outra fonte importante de impacto nos recursos hídricos é a região periurbana de São Paulo, em si, na qual ocorrem processos intensivos de desmatamento e uso de áreas alagadas para a agricultura intensiva de hortifruticultura.

O conjunto de problemas com a quantidade e qualidade da água não só envolve aspectos técnicos e tecnológicos, mas tem repercussões econômicas e sociais relevantes. Dentre as principais medidas que poderão ser desenvolvidas para a resolução dos problemas e médio e longo prazos, as seguintes têm sido discutidas:

---

[22] Tundisi *et al.*, 2004a, b.

i) Preservar o cinturão verde e ampliá-lo.
ii) Aprofundar o conhecimento científico da qualidade da água dos reservatórios de abastecimento, especialmente a circulação e a carga interna de nutrientes, com a finalidade de melhorar o gerenciamento dos sistemas.
iii) Negociar conflitos sobre os usos múltiplos e definir prioridades, especialmente as relacionadas com o abastecimento público.
iv) Ampliar a educação para a sustentabilidade e consolidar os comitês de bacia, para ampliar a participação da população.
v) Preservar as áreas alagadas e as matas ciliares e reflorestar intensivamente com espécies nativas e animais.
vi) Tratar todos os esgotos da região metropolitana.
vii) Incentivar o reuso da água em indústrias e setor público.

Fonte: Tundisi, 2005 (no prelo).

A região metropolitana de São Paulo, em especial, com aproximadamente 20 milhões de habitantes, permanece um dos maiores desafios.

Tanto a distribuição de recursos hídricos no Brasil quanto a qualidade das águas superficiais e subterrâneas apresentam problemas de gestão. São problemas relacionados com a equação disponibilidade/demanda, com a enorme variedade de impactos nas águas superficiais e subterrâneas e com todo um conjunto de atividades – industriais, agrícolas, urbanização – que alteram o ciclo hidrossocial e o ciclo hidrológico e têm impactos nas atividades econômicas, na saúde pública e na biodiversidade.

Proteger, conservar e recuperar recursos hídricos no Brasil, ao mesmo tempo que se estabelecem bases fundamentais para a sustentabilidade, através de educação da população, é uma tarefa urgente e extremamente necessária. Um megaprojeto de saneamento, mobilizador, pode ser um importante avanço na gestão das águas e no processo de recuperação.

Espécies invasoras podem ter uma importância fundamental na alteração da biodiversidade e nas estruturas tróficas de rios, lagos e represas; pesquisas e monitoramento das espécies são importantes. Algumas, como o mexilhão *Limnoperna fortunei* e espécies exóticas de peixes introduzidas para exploração comercial, como a tilápia-do-nilo, têm produzido alterações em represas e lagos. As alterações decorrem do impacto dessas espécies na rede alimentar e na introdução de parasitas que aumentam a incidência de doenças de peixes e causam ameaças à saúde humana.

Quais são os custos dessa recuperação e proteção? Considerando-se o país como um todo, são custos bem elevados. Para dar um exemplo: no lago Paraná, um reservatório artificial de Brasília, gastaram-se US$ 900 milhões. Os custos de recuperação são muito mais elevados que os de conservação e proteção. Considerável investimento faz-se necessário para a resolução dos problemas de quantidade e qualidade da água.

A cobrança pelo uso da água e o estabelecimento do princípio do poluidor/pagador podem ser mecanismos para o financiamento dessas ações, embora, evidentemente, grande parte deste financiamento deva ser efetuada pelos governos federal, estadual e municipal.

Um desafio importante no Brasil é a capacitação técnica de gestores e técnicos para aprofundar a capacidade de gerenciamento em níveis estadual e principalmente municipal. Caberá sempre promover, entre os gestores, uma visão sistêmica e integrada dos processos ecológicos, econômicos e sociais que possam trazer avanços na gestão dos problemas.

Outro aspecto que deve ser considerado é a possível contribuição das águas continentais para a contaminação e eutrofização das águas costeiras.

Quais as áreas de pesquisa necessárias para ampliar a capacidade de resolver os problemas de impactos e recuperação de recursos hídricos no Brasil? Em primeiro lugar, é fundamental *aumentar o conhecimento* sobre o funcionamento dos ecossistemas (lagos, rios, represas, bacias hidrográficas) de forma a ampliar o banco de dados e aprofundar a capacidade de interpretação dos pesquisadores sobre os ecossistemas aquáticos naturais e artificiais. Águas subterrâneas devem também ser objeto de estudos mais avançados.

Além desses avanços necessários na pesquisa, é também fundamental organizar *sínteses* e consolidar as informações de forma a promover junto aos gerentes uma utilização mais adequada dos resultados de pesquisa. No Brasil como em muitos países, a *integração entre pesquisa e gerenciamento* será um dos principais desafios para a gestão adequada de recursos hídricos superficiais e subterrâneos.

Estudos de caso em ecossistemas específicos – áreas alagadas ou bacias hidrográficas ou represas e lagos – podem ampliar consideravelmente as informações científicas e criar condições para experiências de gerenciamento.

A situação de conservação e gerenciamento de recursos hídricos no Brasil pode melhorar substancialmente com a participação da população; nesse contexto, a educação para a sustentabilidade e o estímulo à população para promover e participar da gestão de recursos hídricos são também importantes, senão prioritários.

Informações sobre a qualidade da água dos mananciais e sobre a situação ecológica de rios, lagos e represas, matas de galeria em cada município, região, ou bacia hidrográfica são fundamentais para a população ter um quadro do estado de conservação e de degradação dos ecossistemas e, consequentemente, apoiar e participar de projetos de conservação ou recuperação. Por exemplo, o município de Bocaina, no interior do Estado de São Paulo, desenvolve o projeto Cidade Sustentável, que visa dar todas as condições de sustentabilidade e melhorar a qualidade de vida da população; tópicos como economia e reuso de água, reflorestamento ciliar e proteção da biodiversidade, economia e usos de fontes alternativas de energia têm mobilizado a população. Informações periódicas são repassadas à população em geral e a escolas e órgãos da Prefeitura, o que tem estimulado a participação coletiva.

Em recente estudo do IBGE (2005), com dados estatísticos de 5.560 municípios (base de dados de 2002), os seguintes problemas foram detectados em 2.263 municípios, onde vivem 108 milhões de pessoas:

- Esgoto a céu aberto
- Desmatamento que afeta mananciais
- Presença de lixão que afeta rios, águas e mananciais
- Escassez de água para abastecimento público
- Inundação
- Poluição do ar, que afeta rios e nascentes, por deposição seca ou úmida
- Redução do estoque pesqueiro
- Deslizamento de encosta
- Contaminação do solo, que afeta nascentes e águas subterrâneas
- Contaminação de rio, córrego ou bacia

- Doenças endêmicas, a maioria de origem na veiculação hídrica
- Contaminação de nascentes

Nesse mesmo levantamento estatístico, ficou demonstrado que 68% da população brasileira está afetada por poluição da água. Vê-se portanto que a grande maioria dos problemas ambientais – que afetam 38% dos municípios brasileiros – estão ligados à contaminação, com impactos na disponibilidade da água e geração de escassez e degradação. Outro impacto que afeta consideravelmente rios, áreas alagadas, represas e lagos no Brasil é a erosão, que tem como consequência a sedimentação dos corpos de água, a perda de qualidade e o aumento considerável da matéria orgânica presente sob forma particulada, em suspensão na água ou em sedimento no fundo.

Tais efeitos se traduzem em aumento da mortalidade infantil e perdas de qualidade de vida da população como um todo. É necessário um esforço concentrado para a resolução destes problemas, especialmente no nível municipal.

6. PLANEJAMENTO E GESTÃO DE RECURSOS HÍDRICOS

O planejamento e a gestão de recursos hídricos passaram por profundas alterações ao longo do século 20. Em primeiro lugar, devem-se destacar os poluentes, cuja descarga, complexidade e efeitos gerais nos recursos hídricos, nos organismos aquáticos e na saúde humana aumentaram de forma significativa. Águas superficiais e subterrâneas começaram a sofrer impactos cada vez mais diversificados, provenientes de fontes pontuais e não pontuais. As últimas incluíram também, a partir da segunda metade do século 20, os efeitos da composição atmosférica nas águas superficiais e subterrâneas. O tipo de controle da poluição, que incluía exclusivamente componentes técnicos e enfatizava o controle e o tratamento de água, passou a incluir outros componentes não técnicos (para a otimização dos usos múltiplos, por exemplo) e também o controle dos mananciais.

A diversificação dos tipos de poluentes impulsionou novos procedimentos e mecanismos de gestão.

O próprio conceito de "gestão das águas" surgiu nesse contexto, em substituição ao de "tratamento". E nas últimas duas décadas do século passado o controle da contaminação e a gestão das águas passaram a ser *integrados*, ou seja, incluindo todos os componentes do ciclo, como as águas atmosféricas, as superficiais e as subterrâneas. Por outro lado, o gerenciamento, que era setorial, localizado e de resposta a crises, passou a ser propriamente integrado (usos múltiplos), incluiu a *bacia hidrográfica* como base para o planejamento e enfatizou a capacidade de *predição*, promovendo cenários, estudos de caso e monitoramento avançado e em tempo real.

A legislação também passou por grandes modificações, promovendo a organização institucional mais clara, o controle mais efetivo, e incorporando conceitos de sustentabilidade e tecnologias avançadas para detecção de impactos, análises de risco e vulnerabilidade.

Outro avanço considerável diz respeito à questão do planejamento territorial e à gestão dos recursos hídricos – o que envolve gestão do território, usos e ocupação do solo e o conceito inovador de qualidade de bacia como influência direta e indireta na qualidade da água.

A consolidação da bacia hidrográfica como unidade de gestão, pesquisa, banco de dados e também como unidade de planejamento territorial deu-se praticamente na última década do século 20. Não há dúvida de que a introdução de conceitos de desenvolvimento sustentável a partir da Agenda 21 teve ampla repercussão mundial.

Muitos organismos internacionais deram aval a essa visão. O novo conceito de "serviços de ecossistema"[23] envolveu os (entre aspas) "serviços" prestados pelo ecossistema a partir da bacia hidrográfica.

---

[23] Ayensu *et al.*, 1999.

Os trabalhos realizados por Likens e seus pesquisadores associados[24] em Hubbard Brook, uma pequena bacia hidrográfica localizada na região central norte do Estado de New Hampshire (Estados Unidos), são exemplos de um estudo integrado de bacia hidrográfica, servindo como importante instrumento para gerenciamento de recursos, decisões políticas relevantes em meio ambiente e ética ambiental. Também evidenciam o contraste entre a ciência ecológica profissional e o ambientalismo – diferenças nem sempre claras, o que tem produzido visões contraditórias entre gerenciamento profissional e ativismo ambiental (que é importante, sem dúvida, mas não pode ser desprovido de embasamento técnico e capacidade de solução de problemas, já que, por si, não resolve situações). Embora o foco em sistemas naturais possa ser um elo entre os ecólogos profissionais e os ambientalistas, seus objetivos e atividades são muito diferentes.

A bacia hidrográfica, como conceito de estudo e gerenciamento, pode prover esta melhor integração entre ecologia profissional e ativismo ambiental. Certas características essenciais fazem dela uma unidade e permitem uma integração multidisciplinar entre diferentes sistemas de gerenciamento, estudo e atividade ambiental. Permitem, além disso, a aplicação adequada de tecnologias avançadas.[25]

A abordagem por bacias hidrográficas tem as seguintes características,[26] fundamentais para o desenvolvimento de estudos interdisciplinares, gerenciamento dos usos múltiplos e conservação:

---

[24] Likens *et al.*, 1984, 1985, 1989, 1992.
[25] Margalef, 1983, 1997; Nakamura & Nakajima, 2002; Tundisi *et al.*, 2003.
[26] Tundisi *et al.*, 1988, 1998; Tundisi & Schiel, 2002.

- É uma unidade física com fronteiras delimitadas, podendo estender-se por várias escalas espaciais, desde pequenas bacias de 100 a 200 km² até grandes, como a bacia do Prata (3 milhões de km²).[27]
- É um ecossistema hidrologicamente integrado, com componentes e subsistemas interativos.
- Oferece oportunidade para o desenvolvimento de parcerias e a resolução de conflitos.[28]
- Permite que a população local participe do processo de decisão.
- Estimula a participação da população e a educação ambiental e sanitária.[29]
- Garante visão sistêmica adequada para o treinamento em gerenciamento de recursos hídricos e para o controle da eutrofização (gerentes, tomadores de decisão e técnicos).[30]
- É uma forma racional de organização do banco de dados.
- Garante alternativas para o uso dos mananciais e de seus recursos.
- É uma abordagem adequada para proporcionar a elaboração de um banco de dados sobre componentes biogeofísicos, econômicos e sociais.
- Sendo uma unidade física, com limites bem definidos, o manancial garante uma base de integração institucional.[31]
- Promove a integração institucional necessária para o gerenciamento do desenvolvimento sustentável.[32]

---

[27] Tundisi & Matsumura Tundisi, 1995.
[28] Tundisi & Straskraba, 1995.
[29] Tundisi *et al.*, 1997.
[30] Tundisi, 1994a.
[31] Hufschmidt & McCauley, 1986.
[32] Unesco, 2003.

Além de todos esses conceitos, deve-se considerar que o enfoque em água como fator econômico e de desenvolvimento social mudou a orientação do gerenciamento, dando oportunidade para a introdução de questões econômicas e estimulando avanços na visão da água na economia regional, e da água de boa qualidade como fator de qualidade de vida.

A gestão por bacias hidrográficas oferece também uma oportunidade única de integrar pesquisa, gerenciamento e participação da comunidade em um amplo processo avançado, dando condições para contagem e uso de banco de dados extremamente útil para a gestão da disponibilidade, demanda e integração quantidade/qualidade.

O monitoramento, que foi se aperfeiçoando ao longo de todo o século 20, passou a ter papel ainda mais importante; hoje, é parte crucial do planejamento e da gestão dos recursos hídricos.

Outro avanço considerável foi a reforma nos métodos de organização institucional e a promoção de um conjunto de interações mais efetivas, desde consórcios de municípios e de bacias hidrográficas e comitês de bacias hidrográficas até a integração de órgãos estaduais e federais através de agências nacionais de controle e gestão, como a Agência Nacional das Águas (ANA), no Brasil. A implementação da ANA, em 2000,[33] foi um passo fundamental no processo de gestão estratégica, planejamento e organização institucional das águas brasileiras.

---

[33] O projeto de criação da ANA foi aprovado pelo Congresso no dia 7 de junho de 2000, transformando-se na Lei 9.984, sancionada pelo presidente da República em exercício, Marco Maciel, no dia 17 de julho.

INTEGRANDO PESQUISA, GERENCIAMENTO E POLÍTICAS PÚBLICAS

Os novos paradigmas para o gerenciamento de recursos hídricos incluem necessariamente uma base de dados sustentada pela pesquisa científica, a fim de gerar as informações necessárias à tomada de decisões pelos gestores. Também é vital a interação permanente entre gerentes e pesquisadores da área básica, para que se promova a implantação de políticas públicas em níveis municipal, regional, estadual e federal. O desenvolvimento de mecanismos institucionais que permitam essa integração é uma das tarefas fundamentais de gestores e dirigentes de instituições científicas.

Por outro lado, é necessária a avaliação permanente desses processos interativos. Quais os mecanismos para efetivar tal interação? Há vários já desenvolvidos, que podem estabelecer alguns princípios. Um princípio básico é promover, entre gerentes e pesquisadores, uma visão estratégica conjunta dos recursos hídricos, o que possibilitará a análise das economias importantes para os recursos hídricos, os benefícios dos usos dos recursos de águas continentais e a natureza socioeconômica dos impactos. Isso pode ser realizado por meio de estudos de caso, seminários conjuntos de avaliação e disseminação de informações e avaliação. A interação entre pesquisa e aplicação é um avanço fundamental na gestão de recursos hídricos, que só amplia a capacidade de decisão.

Um dos desenvolvimentos mais substanciais no que se refere à gestão de recursos hídricos é a capacidade de realizar predições através de simulações e análises de risco e vulnerabilidade – o que coloca atualmente a gestão de recursos hídricos como um foco importante na gestão do desenvolvimento regional. Simulação do impacto, simulação de demanda e disponibilidade são instrumentos importantes de gestão, que devem ser baseados em um banco de dados consistente, ancorado em sistemas de informação geográfica, análises de imagens de satélites, análises de mapas e fotografias aéreas.[34]

Figura 10 – O sistema de gestão de recursos hídricos do Brasil

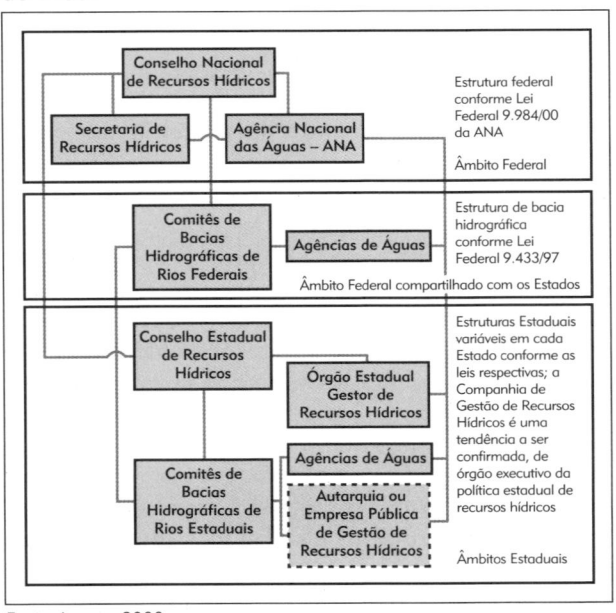

Conselho Nacional de Recursos Hídricos		Estrutura federal conforme Lei Federal 9.984/00 da ANA
Secretaria de Recursos Hídricos	Agência Nacional das Águas – ANA	
		Âmbito Federal
Comitês de Bacias Hidrográficas de Rios Federais	Agências de Águas	Estrutura de bacia hidrográfica conforme Lei Federal 9.433/97
		Âmbito Federal compartilhado com os Estados
Conselho Estadual de Recursos Hídricos	Órgão Estadual Gestor de Recursos Hídricos	Estruturas Estaduais variáveis em cada Estado conforme as leis respectivas; a Companhia de Gestão de Recursos Hídricos é uma tendência a ser confirmada, de órgão executivo da política estadual de recursos hídricos
Comitês de Bacias Hidrográficas de Rios Estaduais	Agências de Águas	
	Autarquia ou Empresa Pública de Gestão de Recursos Hídricos	
		Âmbitos Estaduais

Fonte: Lanna, 2000.

---

[34] As simulações e os cenários podem ser considerados um sistema de avaliação futura de como se comportará o ciclo hidrossocial – quer dizer, o ciclo de processos econômicos e sociais da sociedade relacionados com o ciclo da água.

A figura 10 mostra o sistema de gestão de recursos hídricos no Brasil conforme a lei federal 9.433/97 e a lei 9.984/00, que implementou a ANA. Esta legislação representa um avanço significativo na gestão de recursos hídricos. A lei 9.433/97, que estabelece a Política Nacional Brasileira para os recursos hídricos, é uma fundamental inovação, pois estabelece a água como bem público e o abastecimento humano como prioritário, acima de todos os outros usos e necessidades. Baseia-se em princípios dignos de nota:

**Política Nacional Brasileira
para os Recursos Hídricos**

A Lei Nacional para o Gerenciamento dos Recursos Hídricos define a Política Nacional de Recursos Hídricos Brasileira e cria o Sistema Nacional para o Gerenciamento de Recursos Hídricos.

A política nacional se baseia em seis princípios:
1. a água é um bem público;
2. a água é um recurso finito e tem valor econômico;
3. quando escassa, o abastecimento humano é prioritário;
4. o gerenciamento deve contemplar usos múltiplos;
5. o manancial representa a unidade territorial para fins gerenciais;
6. o gerenciamento hídrico deve se basear em abordagens participativas que envolvam o governo, os usuários e os cidadãos.

As principais inovações propostas por esta lei 9.433/97 são:
i) Planos de recursos hídricos.

ii) Enquadramento dos corpos de água em usos preponderantes.
iii) Outorga dos direitos de uso dos recursos hídricos.
iv) Cobranças pelo uso dos recursos hídricos.
v) Compensação aos municípios.
vi) Sistemas de informação sobre os recursos hídricos.

Estes planos aplicam-se ao país, ao estado e aos municípios. Quanto a municípios, há um grande conjunto de desafios que deve ser considerado (quadro 6.1).[35]

Quadro 6.1

O gerenciamento de recursos hídricos em nível municipal: novos desafios

O grau elevado de urbanização produz novos problemas no gerenciamento de recursos hídricos: municípios de médio e pequeno portes devem promover alterações na legislação, no controle e nas tecnologias para gerenciamento e tratamento de recursos hídricos, tendo em vista a minimização dos impactos e a otimização dos usos múltiplos. Grande parte dos municípios do Brasil tem entre 20 mil e 50 mil habitantes. As áreas metropolitanas têm problemas especiais de abastecimento de água e de tratamento de esgotos (que serão tratados em outro quadro). Nesses municípios pequenos e médios, um dos principais desafios é a conservação dos mananciais e a preservação das fontes de abastecimento superficiais e/ou subterrâneas. Ela deve tratar dos usos do solo e reflorestamento e da proteção da

---

[35] Um avanço considerável na região de recursos hídricos em nível municipal foi a portaria 1.469 (atualmente MS 518), do Ministério da Saúde, sobre a avaliação da qualidade das águas dos mananciais, que obriga os municípios a realizarem análises químicas, físicas e biológicas da qualidade das águas de abastecimento.

vegetação, inclusive das matas ciliares. O reflorestamento ciliar pode gerar inúmeras oportunidades de desenvolvimento econômico e social, uma vez que pode promover cooperativas populares para a construção de viveiros que produzam mudas e sementes. Por outro lado, pode ser um mecanismo efetivo de mobilização da população, principalmente da periferia e zona rural das áreas urbanas, onde se encontram os mananciais. O tratamento de esgotos é outra ação importante para a recuperação das águas municipais; mas, além de estações de tratamento, faz-se necessário implantar sistemas de recuperação para rios urbanos (com o reflorestamento ciliar e o tratamento localizado de pequenos rios urbanos). Outra gestão municipal importante é a disposição de resíduos sólidos, de forma que não afetem os mananciais e não aumentem os riscos à saúde das populações. De modo geral, no que tange aos municípios, podem-se sintetizar as soluções para os principais problemas relacionados com os recursos hídricos nos seguintes pontos fundamentais:

- Proteção dos mananciais e das bacias hidrográficas.
- Tratamento de esgotos e águas residuárias industriais.
- Tratamento e disposição dos resíduos sólidos (lixo doméstico, industrial e de construção civil).
- Controle da poluição difusa.
- Treinamento de gerentes, técnicos ambientais e de recursos hídricos.
- Educação sanitária da população.
- Programas de mobilização comunitária e institucional;
- Campanhas e introdução de tecnologia para diminuir o desperdício da água tratada.
- Estímulo e apoio às práticas coletivas de organização dos usos da água por associações ou grupos de pessoas.

Fonte: Tundisi, 2003.

A organização dos sistemas de planejamento e gestão de recursos hídricos devem guardar[36] os seguintes princípios gerais:

- Considerar a dinâmica do ecossistema.
- Reter as estruturas naturais.
- Reter e proteger a biodiversidade.
- Considerar a sensibilidade das bacias hidrográficas às entradas externas de material.
- Utilizar o conhecimento das interações entre fatores abióticos e bióticos.
- Respeitar a sustentabilidade do desenvolvimento.
- Gerenciar a bacia hidrográfica como parte de um todo e adotar uma visão sistêmica.
- Avaliar opções de longo prazo.
- Avaliar efeitos globais do gerenciamento.
- Determinar a capacidade assimilativa do sistema e não excedê-la.

Estes 11 princípios podem ser aplicados em parcerias entre as áreas de pesquisa, a comunidade e a iniciativa privada. O desenvolvimento de parcerias no gerenciamento de bacias hidrográficas dá-se em dois níveis: abordagem sistêmica e articulada, com a bacia hidrográfica como unidade, e garantia do objetivo de melhor qualidade de vida com desenvolvimento sustentável.[37] Exemplos de organização para gestão de bacias hidrográficas são mostrados no quadro a seguir.

---

[36] Trudisi & Straskraba, 1995.
[37] Semads/GTZ, 2002.

Quadro 6.2

Algumas das bacias hidrográficas no Brasil em que há organização institucional em andamento são:
- Consórcio intermunicipal de gestão ambiental das bacias hidrográficas dos rios Macaé e Macabu, da lagoa Feia e da zona costeira adjacente.
- Sistema de gerenciamento dos recursos hídricos do Estado do Paraná baseado em associações de usuários, comitês de bacias hidrográficas e consórcios intermunicipais.[38]
- Gestão da bacia hidrográfica do rio Paraíba do Sul.[39]
- Gestão da bacia hidrográfica do rio Itajaí.[40]
- Consórcio de municípios e comitês de bacias dos rios Piracicaba, Capivari e Jundiaí.[41]
- Consórcio intermunicipal de gestão ambiental das bacias da Região dos Lagos, rio São João e zona costeira.[42]
- Bacia do rio Piracicaba.

Deve-se ainda considerar o processo de gestão das 22 bacias hidrográficas do Estado de São Paulo, os sistemas de Em nível internacional, os chamados princípios de Dublin – discutidos e aprovados após seminário naquela cidade em 1997 – também são importantes, pois avançam decisivamente no caminho da integração entre participação dos usuários, água como fator econômico e o papel relevante da água no desenvolvimento social.

---

[38] Da Costa, 2002.
[39] Serrichio, 2002.
[40] Frank & Bohm, 2002.
[41] Laloz & Moretti, 2002.
[42] Pereira, 2002.

Em nível internacional, os chamados princípios de Dublin – discutidos e aprovados após seminário naquela cidade em 1997 – também são importantes pois avançam decisivamente no caminho da integração entre participação dos usuários, água como fator econômico e o papel relevante da água no desenvolvimento social.

PRINCÍPIOS DE DUBLIN

- Águas doces são um recurso finito e vulnerável, essencial para manter a vida, o desenvolvimento e o meio ambiente.
- Desenvolvimento de recursos hídricos e gerenciamento devem ser baseados em uma abordagem participativa, envolvendo planejadores, usuários e administradores em todos os níveis.
- As mulheres têm papel central no gerenciamento, provisão e conservação das águas.
- A água tem valor econômico em todos os seus usos competitivos e deveria ser reconhecida como um bem essencial.

Pode-se dizer que tem havido um considerável esforço mundial no processo de gestão de recursos hídricos e de planejamento e uso dos recursos. As questões globais, regionais e locais começaram a tomar formas mais consistentes de atuação, e o conjunto de evoluções conceituais, técnicas e novas tecnologias, principalmente das últimas décadas do século 20, produziu alterações na gestão, no planejamento e na otimização de usos múltiplos. A conscientização da participação dos usuários na gestão, os esforços para ampliar a predição com base em bancos de dados e impactos e a adoção da bacia hidrográfica como unidade, em quase todos os países, regiões e sistemas locais, possibilitaram uma melhor capacidade de gestão de quantidade e qualidade. Ainda há um conjunto grande de iniciativas de gestão a serem tomadas, mas as novas bases conceituais produziram muitos desdobramentos positivos e têm promovido mobilizações em larga escala, que serão extremamente importantes, sem dúvida, para o futuro dos recursos hídricos no planeta.

7. ÁGUA NO TERCEIRO MILÊNIO: PERSPECTIVAS

Como já vimos, o problema da disponibilidade da água deve ser tratado, por um lado, com tecnologias adequadas e permanente aperfeiçoamento institucional e legal; por outro, com a participação da população e dos órgãos representativos da comunidade na conservação, assim como na recuperação dos mananciais e dos sistemas aquáticos. Sem a ativa e constante atuação da população e sua mobilização em torno do problema, qualquer ação de caráter tecnológico ou institucional será incompleta e pouco eficiente.

Existem tecnologias suficientes para resolver o problema? Com maior ou menor grau de eficiência e capacidade de resolução, essas tecnologias têm avançado mundialmente; hoje, produz-se água potável e de abastecimento público a partir de qualquer fonte. Pode-se mesmo produzir água a partir de mananciais contaminados – mas a que custo? À medida que as fontes superficiais e subterrâneas se deterioram, os custos do tratamento tornam-se cada vez mais elevados. A solução está em promover a conservação e recuperação dos mananciais e das bacias hidrográficas. Do ponto de vista institucional, não há dúvida de que a implantação dos comitês de bacias hidrográficas regulamentou um avanço considerável no Brasil e em muitos países do mundo.

Qual o equilíbrio que se pode estabelecer entre uma gestão puramente tecnológica e outra que inclua educação, divulgação dos problemas e participação comunitária? A questão deve ser considerada para cada bacia ou sub-bacia e dependerá do grau de tecnologia existente e da percepção e educação da população, bem como da capacidade de gerir conflitos dos tomadores de decisão, prefeitos municipais e gerentes de bacia.

Quais seriam, entretanto, as diretrizes básicas para um efetivo gerenciamento dos problemas da água, sua disponibilidade e preservação, em nível de bacia hidrográfica e municipal – provavelmente as escalas mais efetivas de atuação? Os princípios de sustentabilidade para o uso da água e sua permanente renovação regional e no planeta são:

- Proteção dos mananciais de águas superficiais e subterrâneas.
- Proteção do hidrociclo.
- Tecnologias adequadas para purificação e tratamento de água.
- Proteção do solo e prevenção da contaminação e eutrofização.
- Promoção de orientações estratégicas para a prospecção.
- Gerenciamento dos usos múltiplos e adequação à economia regional.
- Fornecimento de água adequada com quantidade e qualidade suficientes para usos doméstico, agrícola e industrial.

- Tratamento dos esgotos domésticos e industriais e efluentes das atividades agrícolas.

Pontos controversos da gestão das águas são a cobrança pelos usos da água e a implementação do princípio do pagador-poluidor.

A cobrança pelo uso da água já é feita em vários países; no Brasil, acontece em alguns Estados (Ceará, por exemplo) e no rio Paraíba do Sul. A implantação desse critério, com legislação pertinente, tem resolvido muitos problemas e é uma solução importante e factível. Na Comunidade Econômica Europeia, promover o reuso da água, especialmente em atividades industriais, funciona como instrumento para estimular a economia.

O outro princípio, do poluidor-pagador, também é controverso, embora pareça claro que quem polui deve pagar mais. Em geral, o problema está no monitoramento e fiscalização do poluidor e nos níveis de cobrança pela poluição. Um dos problemas que têm sido discutidos em relação aos recursos arrecadados com os dois princípios – poluidor-pagador e cobrança pelo uso – é decidir onde efetivamente estes recursos ficariam concentrados. Uma coisa parece certa: quanto mais descentralizada for a gestão das águas, mais efetiva será. Mas é necessário promover recursos para esta gestão.[43]

Outras estratégias importantes para enfrentar a escassez da água, seja por falta de disponibilidade (problema de deficiência do ciclo hidrológico), seja por excesso de poluição (com aumento excessivo dos custos do tratamento) são:

---

[43] Há algum consenso hoje de que se os recursos arrecadados com a cobrança pelo uso das águas e o princípio do poluidor-pagador forem destinados às bacias hidrográficas poderemos ter um salto significativo na gestão de recursos hídricos.

- Criar alternativas para obtenção de mais água: aumentar as reservas, proteger os aquíferos subterrâneos e promover o transporte de água para onde há escassez. Proteção dos mananciais de águas superficiais é parte dessa estratégia; dessalinização é outra opção, mas ainda relativamente cara. Seus custos podem baixar nos próximos dez anos, tornando este processo mais viável (atualmente os custos oscilam entre US$ 0,50 a US$ 1,00 por metro cúbico de água doce produzida a partir de água salgada). A transposição de águas deve ser feita com extensos cuidados e análises de impacto, inclusive com avaliação de impacto após a transposição.[44]
- Diminuir o consumo e reciclar a água. É fundamental reduzir a demanda de água, estabelecendo cobranças para o uso, taxando poluidores e estimulando o reuso. Novas técnicas para usos múltiplos devem ser pesquisadas e implementadas.
- Ampliar a capacidade de gerenciamento integrado: reduzir a poluição, gerenciar usos múltiplos, promover monitoramento avançado, reduzir o desperdício e sobretudo educar a população em geral e os tomadores de decisão (políticos, prefeitos, gerentes). O problema de água deve fazer parte de programas mobilizadores, que promovam a percepção da população sobre o problema e estimulem sua participação efetiva nas decisões estratégicas. Onde

---

[44] Estudos sobre a transposição das águas devem ser realizados exaustivamente antes da implantação dos projetos. Deve-se sobretudo considerar os impactos sobre os recursos hídricos após a transposição.

localizar as indústrias nas bacias hidrográficas? Como medir os efeitos da poluição? Quais as relações entre a qualidade da água e a saúde humana?

Como ampliar a capacidade de informação da população sobre o problema da água? Há muitos métodos, que variam em cada região ou país. Programas de rádio são o acesso mais fácil à população em geral, seguidos por reuniões com a comunidade, painéis de discussão, mala direta, notícias na internet, televisão, vídeos, notas para a imprensa, cartazes, quadros de aviso, visitas técnicas, palestras e divulgação em jornais e revistas.

Outro método efetivo de divulgação são as parcerias com os clubes de serviços e associações, órgãos representativos da classe de trabalhadores, sindicatos e órgãos da indústria e comércio.

Um meio mais recente de divulgação foi a implantação das "Escolas da Água".[45] A Escola da Água é um espaço aberto ao público, em lugar facilmente acessível, e que disponibiliza informações sobre a água, implantando cursos, promovendo palestras e organizando exibições à população de determinado bairro ou município. Projetos como esse podem ter papel relevante na educação da população e também, por exemplo, na formação de gerentes municipais de recursos hídricos e na preparação de professores mais capacitados a tratar de questões da água em seu município ou bairro.

---

[45] Escolas da Água foram implementadas pelo Instituto Internacional de Ecologia nos municípios de São Carlos (no Sesi), Bocaina e Araxá (em ações da Prefeitura).

A NOVA ÉTICA PARA A ÁGUA

A principal postura em relação aos recursos hídricos continua a ser a de que a água é inesgotável, já que o ciclo se renova. Mesmo com a capacidade de renovação anual ou estacional da água líquida, é evidente que os usos múltiplos e as várias formas de desperdício podem torná-la escassa e até indisponível. Pode faltar água? É claro que sim, se a demanda for muito maior que o suprimento pela chuva e se o desperdício continuar nos mesmos níveis.

A nova ética para a água deve promover uma visão de *segurança coletiva* baseada na conservação da qualidade e quantidade, desde o manancial até a torneira das casas. Essa nova ética consiste essencialmente em considerar o ciclo hidrossocial em cada região como o ponto de apoio para a segurança da sociedade, em relação a esse recurso estratégico.

De acordo com Klessig,[46] a sociedade tem um conjunto de exigências ligadas à noção de sustentabilidade; no caso da água, envolvem *segurança ambiental, liberdade individual, oportunidade recreacional, valores estéticos, oportunidades culturais* e *educacionais*.

Uma das grandes falhas da economia do século 20 foi sua incapacidade de prover água adequada a todos os habitantes do planeta, com saneamento satisfatório. O resultado são 5 a 10 milhões de mortes por ano, incapacidade de grande número de pessoas e grande aumento de gastos com internações hospitalares e faltas ao serviço. Como não há modelo definitivo

---

[46] Klessig, 2001.

para resolver todos os problemas da água, será preciso encontrar soluções locais e regionais – mais eficientes que as fórmulas globais, muitas vezes importadas de outras regiões com economia e organização social diferentes. Tratar desses problemas localmente significa buscar a atuação integrada de gestores, políticos e da comunidade como um todo.

A nova ética para a água implica uma permanente resolução de conflitos. À medida que a sociedade se desenvolve economicamente e vai se tornando mais complexa, as demandas e os conflitos tendem a aumentar, especialmente tendo em vista os usos múltiplos e a disponibilidade da água. Instalação de indústrias, água para agricultura e outros usos podem competir com as necessidades domésticas da água; portanto, deve haver mecanismos locais de gestão especializados e preparados para resolver conflitos, discutir alternativas e promover soluções adequadas e de longo prazo, com respaldo da sociedade.

É evidente que o avanço tecnológico não pode ser desconsiderado. São necessários mecanismos e equipamentos cada vez mais eficientes de tratamento de água, métodos automáticos e computadorizados de distribuição, sistemas mais eficientes de monitoramento em tempo real com envio de dados a distância.

Igualmente importantes são os métodos de treinamento e capacitação. O gerenciamento das águas, para ser cada vez mais eficiente, deve ser *preditivo* (em nível de bacia hidrográfica) e *integrado*, considerando todos os usos múltiplos e os impactos. Pesquisa e aplicação devem caminhar *pari passu* com os aperfeiçoamentos institucionais, a legislação e a participação da comunidade. Descentralização das ações, legislação avançada e eficiente, fiscalização adequada e tecnologias apropriadas devem fazer parte dos mecanismos de gerenciamento de águas.

Quando a compreensão dos problemas da água for mais profunda, ver-se-á que os processos de abastecimento, distribuição, reuso e tratamento de esgotos e efluentes são uma parte do problema ambiental mais amplo, que compreende usos do solo, reflorestamento e proteção de florestas, combate à erosão e disposição dos resíduos sólidos de forma competente, pouco impactante. Água de melhor qualidade servida à população representa melhor qualidade de vida, ausência de doenças de veiculação hídrica, menor mortalidade infantil e melhor capacidade de trabalho. Água saudável e em quantidade suficiente pode resolver inúmeros problemas nas áreas econômicas regionais e promover alternativas para o desenvolvimento. Promove ainda recreação e turismo, sem falar nas novas possibilidades de usos múltiplos.

Com esse contexto em mente, o quadro 7.1 resume formas de uso consciencioso de águas em residências:

Quadro 7.1

Utilização consciente de águas em residências

- Inspecionar a tubulação e prevenir vazamentos.
- Instalar sistemas capazes de controlar a quantidade de água nos chuveiros.
- Fechar o registro geral durante as férias ou quando a casa ficar vazia.
- Isolar as tubulações de água quente.
- Efetuar consertos imediatos.
- Diminuir a quantidade de água das descargas.
- Não utilizar pias como cestos de lixo.
- Esperar encher completamente a máquina de lavar roupas antes de acioná-la.
- Tomar uma "chuveirada" em vez de um "banho".

- Desligar a água do chuveiro enquanto estiver se ensaboando.
- Para ter água quente, ligar esse registro primeiro e depois misturar a água fria.
- Ao lavar pratos, utilizar uma esponja só para detergente e outra só para água.
- Planejar as atividades de jardinagem no sentido de economizar água.
- Durante construção ou reforma:
  i) instalar tubulações de diâmetro menor que as convencionais;
  ii) posicionar o aquecedor o mais próximo possível do local de consumo de água quente;
  iii) se possível, armazenar água da chuva.

Fonte: Straskraba & Tundisi, 2000.

As novas tecnologias para aumentar a disponibilidade de água incluem *aumento da reserva de águas superficiais, conservação de águas de superfície, aumento da eficiência no uso da água, conservação dos aquíferos e proteção das águas subterrâneas e aplicação e aperfeiçoamento das técnicas de gerenciamento das águas.* As mudanças necessárias na agenda da gestão das águas incluem o uso das bacias hidrográficas como unidades de gestão, a resolução de conflitos, a implementação dos comitês de bacia hidrográfica e a mobilização em todos os níveis de sociedade para solucionar os conflitos, reduzir a demanda e controlar a poluição.

AVANÇOS RECENTES NA GESTÃO DAS ÁGUAS E NA PROMOÇÃO DE INFORMAÇÃO SOBRE A ÁGUA

Em 2005 as Nações Unidas implantaram a Década da Água com a finalidade de estimular continentes, países, bacias hidrográficas internacionais e municípios a implementar ações para diminuir a demanda de água, resolver problemas de contaminação e ampliar a distribuição de água saudável a toda a população. As Metas do Milênio das Nações Unidas propõem a redução da população carente de água, ampliando a capacidade de distribuição de água potável de qualidade para mais 1 bilhão de pessoas em todo o planeta e promovendo ampla capacitação para a gestão de águas subterrâneas e superficiais.

Além desses avanços na área internacional de gestão das águas, no Brasil podemos citar como importante o recente decreto do governo federal, de 22 de março de 2005, obrigando os municípios a apresentarem, juntamente com a conta de água, os resultados de análises físicas, químicas e biológicas. Este decreto deverá obrigar os municípios a tomarem medidas para o monitoramento das águas e a avaliação de sua qualidade.

Quando aplicado em conjunto com a portaria MS 518 do Ministério da Saúde (ou portaria 1.469, de dezembro de 2000), que obriga as Secretarias de Saúde dos municípios a avaliarem a qualidade das águas dos mananciais, este último decreto deve ter um efeito altamente positivo na gestão das águas de abastecimento dos municípios do Brasil.

GLOSSÁRIO

Abastecimento público de água – Água utilizada para todas as atividades humanas e disponibilizadas por instituições públicas ou privadas.

Anaeróbico – Metabolismo que ocorre quando há ausência de oxigênio.

Aquacultura (ou aquicultura) – Cultivo comercial de organismos aquáticos, plantas ou animais.

Aquífero confinado (ou aquífero artesiano) – Um aquífero no qual a água subterrânea está confinada sob pressão maior do que a pressão atmosférica.

Biodiversidade – Número e abundância relativa de diferentes espécies que representam a heterogeneidade do processo biológico nos ecossistemas e na biosfera. A biodiversidade pode ser genética e funcional ou estrutural (Margalef, 1994).

Biomanipulação – Mudanças na estrutura biológica dos ecossistemas aquáticos pela introdução ou remoção de organismos vivos.

Carga interna – A carga de matérias orgânicas e inorgânicas adicionada às águas a partir do sedimento dos lagos e represas.

Carga orgânica – A carga de matéria orgânica descarregada em rios, lagos e represas a partir de fontes difusas ou pontuais.

Cascatas de reservatórios – Séries de reservatórios em cadeia contínua em determinados rios.

Chuva ácida – Chuva que contêm ácidos produzidos por gases de enxofre e nitrogênio, dispersos na atmosfera a partir de emissões industriais poluentes.

Ciclo biogeoquímico – Ciclo de elementos como carbono, fósforo, nitrogênio nos ecossistemas e na biosfera.

Ciclo hidrológico – Ciclo da água em uma bacia hidrográfica, nos continentes e no planeta, constituindo-se no processo e no balanço de precipitação, evapotranspiração, fluxo e reserva nos aquíferos.

Comitê de bacias – Comissão, assembleia ou "parlamento da água" em uma *bacia* ou *unidade hidrográfica*, com funções deliberativas e consultivas, dentro da nova política das águas. Os comitês são formados por representantes do poder público federal, estadual e municipal, dos usuários e da sociedade civil.

Desenvolvimento sustentável – É o desenvolvimento com uso adequado e equilibrado dos recursos naturais de forma que estes possam ser utilizados pelas gerações futuras. É o uso dos recursos naturais com responsabilidade social e visão de futuro.

Dessalinização – Processo de remoção de sal da água do mar (ou de lagos salinos no interior dos continentes) por meios químicos ou físicos para produção de água doce.

Detritos – Produtos de decomposição de organismos ou material de origem inorgânica em suspensão na água.

Efeito estufa – Os gases de efeito estufa absorvem radiação infravermelha emitida pela superfície da Terra, pela própria atmosfera e pelas nuvens. Os gases de efeito estufa absorvem calor no sistema superfície-atmosfera. Este efeito é denominado de "efeito estufa natural". É devido a este efeito natural que se manteve no planeta Terra uma temperatura média que permitiu a vida. O aumento da concentração de gases que produzem o efeito estufa aumenta a capacidade da radiação infravermelha, causando aumento da temperatura no sistema superfície-troposfera. Este é denominado "efeito estufa exacerbado".

Espécies exóticas – Espécies provenientes de outros continentes, introduzidas por ação do homem ou acidentalmente. Ex: tilápia-do-nilo.

Espécies introduzidas – Espécies não nativas de bacias hidrográficas e que são introduzidas pelo homem ou acidentalmente. Ex: tucunaré.

Eutrofização – Processo pelo qual o suprimento de nitrogênio e fósforo de um sistema aquático continental, estuário ou água costeira é aumentado a partir de fontes pontuais e não pontuais. A eutrofização geralmente é acompanhada de aumento de biomassa, hipolímnio anóxico e crescimento anormal de cianobactérias. Eutrofização *cultural* é resultante da ação humana. Eutrofização *natural* ocorre naturalmente.

Fontes difusas de poluição – A carga orgânica e inorgânica originada a partir de fontes dispersas na bacia hidrográfica.

Fontes pontuais de poluição – A carga orgânica e inorgânica que atinge pontualmente rios, lagos e represas. Geralmente é uma carga concentrada e se descarrega a partir de uma única intrusão superficial ou subterrânea (rios ou correntes).

Limnologia – Ciência que estuda as águas interiores, rios, lagos, represas, tanques e áreas alagadas; o objetivo desta ciência é compreender o funcionamento integrado das águas continentais.

Macrófitas aquáticas – Plantas aquáticas superiores comuns em muitos lagos, represas e rios. Exemplo: aguapé, alface-d'água (respectivamente *Eichchormia crassipes*, *Pistia stratroides*).

Matas de galeria – Florestas adjacentes a cursos d'água, geralmente constituídas por vegetação especializada que tolera inundações. Têm efeito ecológico muito importante na proteção dos rios e na recarga do aquífero (florestas ripárias). Geralmente são ecossistemas de diversidade mais elevada.

Monitoramento – Processo de determinação de variáveis físicas, químicas e biológicas em um ecossistema e que permite construir um banco de dados e um sistema de informação.

Substâncias tóxicas – Substâncias venenosas utilizadas para eliminar pestes e outros organismos (plantas e animais).

Tempo de retenção (ou **tempo de residência**) – É a relação entre o volume de determinado sistema aquático e a vazão.

Turbidez – É causada pelo aumento de material em suspensão dissolvido e particulado, dando à água aspecto barrento ou leitoso, com grande diminuição de transparência.

Uso comercial da água – Suprimento de água para instalações comerciais, como hotéis, restaurantes e escritórios.

Uso industrial da água – Suprimento de água para produção industrial, como de aço, produtos químicos, alimento, papel e derivados, mineração e refinação de petróleo.

BIBLIOGRAFIA

Ayensu *et al.* "International Ecosystem Assessment". *Science*, v. 286, 1999.

Azevedo, S. M. F. O. "Cianobactérias Tóxicas: Causas e Consequências Para a Saúde Pública". *Ver. Brás. Pesq. e Desenvolvimento*, v. 3, n. 2, 2001.

Biswas, A. K. "Water resources in the 21st Century". *Water International*, v. 16, 1991.

Braga, B.; Rocha, O.; Tundisi, J. G. "Dams and the Environment: the Brazilian Experience". *International Journal of Water Resources Development*, v. 14, 1998.

Cristofidis, D. *Recursos Hídricos e Irrigação no Brasil*. Brasília: UnB, Centro de Desenvolvimento Sustentável, 1999.

Da Costa, F. J. L. "Sistema de Gerenciamento de Recursos Hídricos do Estado do Paraná: um Modelo com Base em Associações de Usuários". In: *Workshop* Planágua, Organismos de Bacias Hidrográficas, Semads/GTZ, 2002.

Dumanoski, D. In: Ilec Sustainable Management Meeting, Copenhagen, documento-síntese da comunicação, 1999.

Frank, B. & Bohm, N. "Gestão da Bacia Hidrográfica: a Experiência da Bacia do Rio Itajaí". In: *Organismos de bacias hidrográficas*. Semads/GTZ, 2002.

Gibbons, D. *The Economic Value of Water*. Nova York: Johns Hopkins University Press for the Resources for the Future, 1986.

Gleick, P. H. *Water in Crisis: a Guide to the World's Fresh Water Resources*. Nova York: Oxford University Press, 1993.

Gleick, P. H. *The world's water 2000-2001*. The Biennial Report on Freshwater Resources, 2000.

Hachich, E. M.; Sato, M. I. Z. "Protozoários e Vírus Patogênicos em Águas: Riscos, Regulamentações e Métodos de Detecção". *Ver. Brás. Pesq. e Desenvolvimento*, v. 3, n. 2, 2001.

Hufschmidt, M. M. & McCauley, D. *Strategies for Integrated Water Resources Management in a River/Lake Basin Context*. Nagoya, Otsu: Unep, INCRD, Ilec, 1986.

Instituto Brasileiro de Geografia e Estatística (IBGE). Diretoria de Pesquisas, Departamento de População e Indicadores Sociais, *Pesquisa Nacional de Saneamento Básico, 1989/2000*.

Instituto Brasileiro de Geografia e Estatística (IBGE). *Sínteses de Indicadores Sociais 1998/1999*.

Instituto Brasileiro de Geografia e Estatística (IBGE). Anuário Estatístico do Brasil, 1999, Rio de Janeiro, v. 59, 1999.

Instituto Brasileiro de Geografia e Estatística (IBGE). *Pesquisa Nacional de Saneamento Básico,* Sedu/PR, 2000.

Instituto Brasileiro de Geografia e Estatística (IBGE). *Censo Demográfico 2000: Resultados Preliminares.* Rio de Janeiro, 2000.

Kates, R. W.; Turner II, B. L.; Clark, W. C. "The Great Transformation". In: Turner, B. L. *et al.* (orgs.), *The Earth as Transformed by Human Action.* Cambridge: Cambridge University Press, 1990.

Kelman, *et al.* "Hidreletricidade". In: Rebouças, A.; Braga, B.; Tundisi, J. G. *Águas Doces no Brasil: Capital Ecológico, Uso e Conservação.* São Paulo: Academia Brasileira de Ciências, Instituto de Estudos Avançados/USP, Escrituras Editora e Distribuidora de Livros, 2002.

Kira, T. "Major Environmental Problems in World Lakes". *Memorie dell'Istituto Italiano di Idrobiologia*, v. 52, 1993.

Klessing, L. L. "Lakes and Society: the Contribution of Lakes to Sustainable Societies". *Lakes and Reservoirs, Research and Management*, v. 6, 2001.

L'Vovich, M. I.; White, G. F. "Use and Transformation of Terrestrial Water Systems". In: Turner, B. L. *et al.* (orgs.). *The Earth as Transformed by Human Action: Global and Regional Changes in the Biosphere Over the Past 300 Years.* Nova York: Cambridge University Press, cap. 14, 1990.

Lanna, A. E. "Sistemas de Gestão de Recursos Hídricos: Análise de Alguns Arranjos Institucionais". In: *Ciência e Ambiente: Gestão das Águas 21.* Universidade Federal de Santa Maria, 2000.

Lahoz, F. C. C. & Moretti, L. C. "A Relação entre Consórcio e Comitês nas Bacias dos Rios Piracicaba, Capivari e Jundiaí: Participação e Integração". In: *Workshop* Planágua, Organismos de Bacias Hidrográficas. Semads/GTZ, 2002.

Likens, G. E. "Beyond the Shoreline: a Watershed-ecosystem Approach". *Verhandlungen International Verein Limnology*, v. 22, 1984.

Likens, G. E. (org.). *An Ecosystem Approach to Aquatic Ecology: Mirror Lake and its Environment*. Nova York: Springer-Verlag, 1985.

Likens, G. E. (org.) *Long-term Studies in Ecology: Approaches and Alternatives*. Nova York: Springer-Verlag, 1989.

Likens, G. E. *The Ecosystem Approach: Its Use and Abuse*. Oldenhorf/Luhe: Ecology Institute, 1992.

Margalef, R. *Limnologia*. Barcelona: Ediciones Omega S. A., 1983.

Margalef, R. "Our Biosphere". In: Kinne, O. (org.). *Excellence in ecology*. Oldendorf, Luke: Ecology Institute, 1997.

Matvienko, B. & Tundisi, J. G. "Biogenic Gases and Decay of Organic Matter". In: *Int. Workshop on Greenhouse Gas Emissions from Hydroelectric Reservoirs*, Rio de Janeiro. Rio de Janeiro: Eletrobrás, 1996.

McGill University, CT Hidro. Diretrizes Estratégicas do Fundo de Recursos Hídricos de Desenvolvimento Científico e Tecnológico, 2000.

Meybeck, M.; Chapman, D.; Helmer, R. *Global Freshwater Quality: a First Assessment*. WHO, Unep, 1989.

Nakamura, M. & Nakajima, T. (orgs.) *Lake Biwa and Its Watersheds: a Review of LBRI Research Notes*. Lake Biwa Research Institute, 2002.

Pereira, D. S. P.; Kelman, J. "O Sistema de Gestão de Recursos Hídricos". In: *Workshop Planasa. Organismos de Bacias Hidrográficas*. Senads, GTZ, 2002.

PNUMA, IETC, IIE, Proágua, Unesco, ANA. *Planejamento e Gerenciamento de Lagos e Reservatórios: uma Abordagem Integrada ao Problema da Eutrofização*, 2001.

Postel, S. *Last Oasis: Facing Water Scarcity*. Nova York: W. W. Norton & Company, 1997.

Rebouças, A. C. "Water Crisis: Facts and Myths". *Anais da Academia Brasileira de Ciências*, v. 6, n. 1, 1994.

Rebouças, A. C.; Braga, B.; Tundisi, J. G. (orgs.). *Águas Doces no Brasil: Capital Ecológico, Uso e Conservação*, 2. ed., rev. e ampl. São Paulo: Escrituras, Editora e Distribuidora de Livros Ltda., 2002.

Rosa, L. P. & Schaeffer, R. "Global Warming Potentials: the Case of Emissions from Dams". *Energy Policy*, v. 23. 1995.

Rosa, L. P.; Schaeffer, R.; Santos, M. A. dos. "Are Hydroelectric Dams in the Brazilian Amazon Significant Sources of 'Greenhouse' Gases?" *Environmental Conservation*, v. 23, 1996.

Rosa, P. L.; Santos, M. A. (orgs.). *Dams and Climate Change*. Coppe, IYIG, 1999.

Sakamoto, M.; Nakano, A.; Kinjo, Y.; Higashi, H.; Futatsuka, M. "Present Mercury Levels in Red Blood Cells of Nearby Inhabitants About 30 Years After the Outbreak of Minamata Disease". *Ecotoxicology and Environmental Safety*, v. 22, 1991.

Serrichio, C. "Seis Anos do Comitê Para Integração da Bacia Hidrográfica do Rio Paraíba do Sul" (Ceivap). In: *Organismos de Bacias Hidrográficas*. Projeto Planágua, Semads, GTZ, 2002.

Secretaria de Estado de Saneamento e Recursos Hídricos. Organismos de Bacias Hidrográficas. *Workshop* Projeto Planágua, Semads/GTZ, 2002.

Shiklomanov, I. "World Fresh Water Resources". In: Gleick, P. H. L. (org.). *Water in Crisis: a Guide to the World's Fresh Water Resources*. Pacific Institute for Studies in Development, Environment and Security, Stockholm Environmental Institute, pp. 13-23.

Shiklomanov, I. "World Water Resources: a New Appraisal and Assessment for the 21st Century". IHP, Unesco, 1998.

Straskraba, M. & Tundisi, J. G. "Diretrizes Para o Gerenciamento de Lagos: Gerenciamento da Qualidade da Água de Represas", v. 9. Tradução de Dino Vanucci. CNPq, Ilec, IIE, 2000.

Tucci, C. E. M. *Hidrologia: Ciência e Aplicação*, 2. ed., Editora da UFRGS, ABRH, 2000.

Tundisi, J. G. "Regional Approaches to River Basin Management in La Plata: an Overview". In: *Environmental and Social Dimensions of Reservoirs Development and Management in the La Plata River Basin*. Nagoya: UNCRD, 1994a.

Tundisi, J. G. *Limnologia no Século 21: Perspectivas e Desafios*. São Carlos: Instituto Internacional de Ecologia, 1999.

Tundisi, J. G. *Água no Século 21: Enfrentando a Escassez*. São Carlos: RiMa, IIE, 2003.

Tundisi *et al*. "A Utilização do Conceito de Bacia Hidrográfica Como Unidade Para Atualização de Professores de Ciências e Geografia: o Modelo Lobo (Broa), Brotas/Itirapina". In: Tundisi, J. G. (org.). *Limnologia Para Manejo de Represas*. EESC/USP/CRHEA, ACCESP, v. 1, 1988.

Tundisi, J. G. & Matsumura Tundisi, T. "The Lobo-Broa: Ecosystem Research". In: Tundisi, J. G.; Bicudo, C. E. M.; Matsumura-Tundisi, T. (orgs.). *Limnology in Brazil*. Brazilian Academy if Sciences, Brazilian Limnological Society, 1995.

Tundisi, J. G. & Straskraba, M. "Strategies for Building Partnerships in the Context of River Basin Management: the Role of Ecotechnology Engineering". *Lakes & Reservoirs: Research and Management*, v. 1, 1995.

Tundisi, J. G.; Matheus, C. E.; Campos, E. G. C.; Moraes, A. J. de. "Use of the Hydrographic Basin and Water Quality in the Training of School Teachers and Teaching of Environmental Science in Brazil". In: Jorgensen, S. E.; Kawashima, M.; Kira, T. *A focus on Lakes/Rivers in Environmental Education*. Ilec, 1997.

Tundisi, J. G. *et al.* "Reservoir Management in South America". *International Journal of Water Resources Development*, v. 14, 1998.

Tundisi, J. G. & Schiel, D. "A Bacia Hidrográfica Como Laboratório Experimental Para o Ensino de Ciências, Geografia e Educação Ambiental. In: Schiel, D.; Mascarenhas, S. (orgs.). *O Estudo das Bacias Hidrográficas: uma Estratégia Para a Educação Ambiental*. IEA, CDCC, Ford Foundation, 2002.

Tundisi, J. G.; Matsumura-Tundisi, T.; Rodríguez, S. L. "Gerenciamento e Recuperação das Bacias Hidrográficas dos Rios Itaqueri e do Lobo e da Represa Carlos Botelho (Lobo-Broa)". IIE, IIEGA, Proaqua, Elektro, 2003.

Tundisi, J. G.; Matsumura-Tundisi, T.; Arantes Jr, J. D.; Tundisi, J. E.; Manzini, N. F. e Ducrot, R. "The Response of Carlos Botelho (Lobo-Broa) Reservoir to the Passage of Cold Fronts in Reflected by Physical, Chemical and Biological Variables". *Brazilian Journal of Biology*, vol. 64, n° 1, 2004a.

Tundisi, J. G.; Abe, D. S. e Vanucci, D. "Análise da Evolução da Eutrofização Baseada na Variação dos Principais Parâmetros Indicadores ao Longo do Tempo e de suas Consequências em Mananciais RMSP". Relatório Encibra/Hidroconsult/TPDA, 2025, 2004b.

Unesco. "Compartilhar a Água e Definir o Interesse Comum". In: *Água Para Todos: a Água Para a Vida*. Edições Unesco, 2003.

SITES

www.sciencemag.org/cgi/content/full/308/5720/376/DC1
www.neb-one.gc.ca/energy/EnergyReports/EMA-EletricityExportsImportsCanada2003_e.pdf
www.panda.org/downloads/freshwater/rtiversatriskfullreport.pdf
www.salweenwatch.org
sedac.ciesin.columbia.edu/plue/gpw/landscan
www.sciencemag.org/cgi/content/full/308/5720/405/DC1

Agência Nacional de Água (ANA)
http:// www.ana.gov.br

Brasil das águas
http:// www.brasildasaguas.com.br

EPA (Environment Protection Agencies)
http://www.epa.gov/surf/iwi

International Lake Environment Committee (Ilec)
www.ilec.or.jp

Inter-American Network of Academies of Sciences (Ianas)
www.ianas.com.br

InterAcademy Panel on International Issues (IAP)
www.nationalacademies.org/iap

Negowat
www.negowat.org

Rede Sul-americana de Eutrofização (Eutrosul)
www.eutrosul.net

SOBRE OS AUTORES

José Galizia Tundisi é limnólogo. Publicou 300 trabalhos científicos e 22 livros. Foi professor titular da Universidade Federal de São Carlos (SP), onde implantou a área de Biologia e Pós-graduação em Ecologia e Recursos Naturais. Presidente do Instituto Internacional de Ecologia (IIE) de São Carlos, recebeu o prêmio Moinho Santista em Ecologia (1992), a Ordem Nacional do Mérito Científico (1994), o prêmio Boutros-Ghali das Nações Unidas (1995) e o título de doutor *honoris causa* em Ciências da Universidade de Southampton, Inglaterra. Foi presidente do CNPq por quatro anos (1995-99). Membro titular da Academia Brasileira de Ciências e da World Academy of Arts and Sciences, é também membro da Academia de Ciências do Estado de São Paulo e do *staff* do Ecology Institute – Excellence in Ecology da Alemanha.

Takako Matsumura Tundisi é limnóloga. Publicou 120 trabalhos científicos e três livros. Professora titular aposentada da Universidade Federal de São Carlos, é editora chefe do *Brazilian Journal of Biology*, diretora científica do Instituto Internacional de Ecologia e membro da Academia de Ciências do Estado de São Paulo. Coordena atualmente projeto da Finep/CTHidro para a gestão das bacias hidrográficas do Tietê-Jacaré e rio Miranda.

FOLHA
EXPLICA

Folha Explica é uma série de livros breves, abrangendo todas as áreas do conhecimento e cada um resumindo, em linguagem acessível, o que de mais importante se sabe hoje sobre determinado assunto.

Como o nome indica, a série ambiciona *explicar* os assuntos tratados. E fazê-lo num contexto brasileiro: cada livro oferece ao leitor condições não só para que fique bem informado, mas para que possa refletir sobre o tema, de uma perspectiva atual e consciente das circunstâncias do país.

Voltada para o leitor geral, a série serve também a quem domina os assuntos, mas tem aqui uma chance de se atualizar. Cada volume é escrito por um autor reconhecido na área, que fala com seu próprio estilo. Essa enciclopédia de temas é, assim, uma enciclopédia de vozes também: as vozes que pensam, hoje, temas de todo o mundo e de todos os tempos, neste momento do Brasil.

#	Title	Author
1	MACACOS	Drauzio Varella
2	OS ALIMENTOS TRANSGÊNICOS	Marcelo Leite
3	CARLOS DRUMMOND DE ANDRADE	Francisco Achcar
4	A ADOLESCÊNCIA	Contardo Calligaris
5	NIETZSCHE	Oswaldo Giacoia Junior
6	O NARCOTRÁFICO	Mário Magalhães
7	O MALUFISMO	Mauricio Puls
8	A DOR	João Augusto Figueiró
9	CASA-GRANDE & SENZALA	Roberto Ventura
10	GUIMARÃES ROSA	Walnice Nogueira Galvão
11	AS PROFISSÕES DO FUTURO	Gilson Schwartz
12	A MACONHA	Fernando Gabeira
13	O PROJETO GENOMA HUMANO	Mónica Teixeira
14	A INTERNET	Maria Ercilia e Antonio Graeff
15	2001: UMA ODISSEIA NO ESPAÇO	Amir Labaki
16	A CERVEJA	Josimar Melo
17	SÃO PAULO	Raquel Rolnik
18	A AIDS	Marcelo Soares
19	O DÓLAR	João Sayad
20	A FLORESTA AMAZÔNICA	Marcelo Leite
21	O TRABALHO INFANTIL	Ari Cipola
22	O PT	André Singer
23	O PFL	Eliane Cantanhêde
24	A ESPECULAÇÃO FINANCEIRA	Gustavo Patu
25	JOÃO CABRAL DE MELO NETO	João Alexandre Barbosa
26	JOÃO GILBERTO	Zuza Homem de Mello

27	A A MAGIA	Antônio Flávio Pierucci
28	O CÂNCER	Riad Naim Younes
29	A DEMOCRACIA	Renato Janine Ribeiro
30	A REPÚBLICA	Renato Janine Ribeiro
31	RACISMO NO BRASIL	Lilia Moritz Schwarcz
32	MONTAIGNE	Marcelo Coelho
33	CARLOS GOMES	Lorenzo Mammi
34	FREUD	Luiz Tenório Oliveira Lima
35	MANUEL BANDEIRA	Murilo Marcondes de Moura
36	MACUNAÍMA	Noemi Jaffe
37	O CIGARRO	Mario Cesar Carvalho
38	O ISLÃ	Paulo Daniel Farah
39	A MODA	Erika Palomino
40	ARTE BRASILEIRA HOJE	Agnaldo Farias
41	A LINGUAGEM MÉDICA	Moacyr Scliar
42	A PRISÃO	Luís Francisco Carvalho Filho
43	A HISTÓRIA DO BRASIL NO SÉCULO 20 (1900-1920)	Oscar Pilagallo
44	O MARKETING ELEITORAL	Carlos Eduardo Lins da Silva
45	O EURO	Silvia Bittencourt
46	A CULTURA DIGITAL	Rogério da Costa
47	CLARICE LISPECTOR	Yudith Rosenbaum
48	A MENOPAUSA	Silvia Campolim
49	A HISTÓRIA DO BRASIL NO SÉCULO 20 (1920-1940)	Oscar Pilagallo
50	MÚSICA POPULAR BRASILEIRA HOJE	Arthur Nestrovski (org.)

51	OS SERTÕES	Roberto Ventura
52	JOSÉ CELSO MARTINEZ CORRÊA	Aimar Labaki
53	MACHADO DE ASSIS	Alfredo Bosi
54	O DNA	Marcelo Leite
55	A HISTÓRIA DO BRASIL NO SÉCULO 20 (1940-1960)	Oscar Pilagallo
56	A ALCA	Rubens Ricupero
57	VIOLÊNCIA URBANA	Paulo Sérgio Pinheiro e Guilherme Assis de Almeida
58	ADORNO	Márcio Seligmann-Silva
59	OS CLONES	Marcia Lachtermacher-Triunfol
60	LITERATURA BRASILEIRA HOJE	Manuel da Costa Pinto
61	A HISTÓRIA DO BRASIL NO SÉCULO 20 (1960-1980)	Oscar Pilagallo
62	GRACILIANO RAMOS	Wander Melo Miranda
63	CHICO BUARQUE	Fernando de Barros e Silva
64	A OBESIDADE	Ricardo Cohen e Maria Rosária Cunha
65	A REFORMA AGRÁRIA	Eduardo Scolese
66	A ÁGUA	José Galizia Tundisi e Takako Matsumura Tundisi
67	CINEMA BRASILEIRO HOJE	Pedro Butcher
68	CAETANO VELOSO	Guilherme Wisnik
69	A HISTÓRIA DO BRASIL NO SÉCULO 20 (1980-2000)	Oscar Pilagallo
70	DORIVAL CAYMMI	Francisco Bosco